为什么总是我的错

我的错

摆脱自恋者的操纵　　　元婴 —— 著

人民邮电出版社

北　京

图书在版编目（CIP）数据

为什么总是我的错 ：摆脱自恋者的操纵 ／ 元婴著.
北京 ： 人民邮电出版社，2025. -- ISBN 978-7-115
-67249-0

Ⅰ. B846

中国国家版本馆CIP数据核字第2025NX8758号

内 容 提 要

　　自恋者在我们身边好像越来越多了，在夫妻、恋人、亲子、朋友等关系中普遍存在。自恋者往往以自我为中心，缺乏共情，利用和剥削他人，导致他人身心受伤。自恋者自鸣得意，受害者却在背后默默承受着痛苦。

　　本书深入剖析了人们的自恋现象及其对人际关系造成的破坏性影响。作者凭借丰富的心理学经验，创办了自恋创伤疗愈团体，摸索出实用的自我疗愈方法。本书内容源于一线分析报告，旨在帮助受到自恋者伤害的人。书中不仅详细描述了自恋者的特征，还提供了科学合理的心理健康引导，帮助读者正确面对自恋者造成的困扰，避免陷入消极情绪。通过阅读本书，读者可以更好地识别身边的自恋者，学会保护自己，走出自恋者所带来的心理创伤阴影。

◆ 著　　　　　　元　婴
　　责任编辑　孙燕燕
　　责任印制　彭志环

◆ 人民邮电出版社出版发行　　北京市丰台区成寿寺路 11 号
　　邮编　100164　电子邮件　315@ptpress.com.cn
　　网址　https://www.ptpress.com.cn
　　北京市艺辉印刷有限公司印刷

◆ 开本：880×1230　1/32
　　印张：7.5　　　　　　　　　　2025 年 9 月第 1 版
　　字数：167 千字　　　　　　　2025 年 9 月北京第 1 次印刷

定价：59.80 元

读者服务热线：(010)81055296　印装质量热线：(010)81055316
反盗版热线：(010)81055315

推荐序

出版社邀请我为《为什么总是我的错：摆脱自恋者的操纵》写个序，因此给我发来该书的文稿。其实，我并不擅长咨询或者临床治疗心理学，通常对此类图书都只会翻翻，而不会细致阅读。但本书书名中的"自恋者的操纵"引起了我的注意和兴趣，因为该书似乎与其他临床心理学和精神病学等图书不同，不是对"自恋者"这类人进行描述、定义和解释，而是指向被自恋者操纵或伤害的一类人。读完全稿，我的第一印象是：这是一本由作者汇聚"受害者（其中女性求助者居多）"真实生活经历和痛苦经验的图书。全书的铺陈和叙述，充分展现出作者对于自恋虐待受害者的同理共情。

作者通过 5 章内容分别讨论了自恋者的特征、自恋者的家庭、自恋者操纵受害者的策略、受害者摆脱自恋虐待的建议和受害者新生的挣扎等问题，并列举了众多生动的案例，给出了许多具体的指导建议。

由此可见，作者在帮助自恋虐待受害者方面是一位很有经验的咨询者。她坚定地站在自恋虐待受害者（特别是女性受害者）的立场上，从心理学和精神病学的角度，力图帮助她们去理解作为自己生活中重要一部分的自恋者，以及自己与自恋者关系的潜在内容，从而借助心理学知识的力量摆脱自恋者对自己的捆绑与束缚，并逐步治愈自己受到的精神创伤。

我们都知道，心理咨询和治疗有众多的方法和途径。各种证据显示，团体咨询和治疗在应对家庭和人际关系问题时更为有效。它通过群体互动促进成员彼此间的共情与支持，并且通过观察他人行为而促进成员学习和增强人际能力。本书实际上就是将因受自恋者操纵而遭受心理创伤者的团体咨询经历和盘端到了白纸黑字之间，让人能够全面了解自恋虐待受害者的心理特点和他们的真实需求，这是本书极有价值的地方。

本书作者通过团体讨论和分享，让自恋虐待受害者提高自我意识、认识自恋型关系的形成及其不良影响，从而寻求他人支持，加强自身心理建设，以一种坚韧的方式应对自恋者在生活中存在的现实和摆脱自恋者带来的精神折磨，从而达到自我保护、独立而快乐生活的目标。本书对于自恋虐待受害者群体来说，是一本不可多得的自助指南。

本书还是一个人文心理学的很好样例。一百多年来，心理学一直走在科学主义心理学和人文心理学两条路上，助人且自助的咨询心理学多归类于人文心理学。人文心理学不同于科学主义心理学，它更聚焦人的主观体验，强调人的主动性和选择权，立足个体成长的内在动力，以整体性的人文关怀为视角，去提升人的尊严感、自主性和幸福感。我一生以科学研究为主，近些年来开始思考人文与科学关系的问题。作者在书中对自恋虐待问题提出的具象思考、生动案例和真诚建议，给我带来了全新的认识视角和富有启发的思考。

我曾在多个心理咨询相关会议上都呼吁过，中国的咨询者们不仅要依循西方的理论为人们提供服务，更要志存高远，努力总结和创造出属于中国人自己的咨询理论。例如，本书谈及的自恋者和其受害者似乎是由二元对立构成的一体关系，这类受害者的存在是因为遇到了自恋者，而自恋者本身其实也是受害者，是因为养育他们的母亲（或父亲）多是自恋者。自恋型家庭成员的所作所为大都用来打造一位"完美母亲"或者一位"成功父亲"。按照弗洛伊德的理论，人的有限心理能量是在客体之爱与自恋之爱之间分配的，自恋者将大部分能量都投向了自我。因此，他人就真地变成了一个纯粹客体，从而成就了自恋者的自恋之爱。

弗洛伊德并没有提及自恋者所伤及的那类人，我们是否可以假设，这类人可能将心理能量都投向了"强势"的自恋者，认为自恋者是自己的理想保护者，从而成就受害者的客体之爱。如此，自恋者便成为爱的能量的吸纳者和吞食者，而其受害者则变成为爱的能量的供奉者和喂食者。做这样的假设和思考，是否带有了探索自恋者及其受害者心理机理的理论感觉？

当然，理论的创新并非如此容易，而是需要收集大量论据和进行坚实的逻辑推理，以构成自洽的概念体系。但无论如何，我们的心理咨询师应该朝着这个方向大胆尝试。

其实，在可以用来解释那些受自恋者伤害的人的相关理论中，弗洛伊德的概念似乎已经有些过时了。近代西方哲学注意到，人类社会不仅存在主体性问题，而且不可回避"他者"存在的影响。例如，法国哲学家伊曼纽尔·列维纳斯提出了以"他者"为中心的道德哲学，认为伦理学应取代本体论成为"第一哲学"。他强调，自我与他者的关系是一种面对面的、原初的、不可还原的关系。这种关系不是主客体之间的关系，而是平等的、相互独立的存在。伦理就是自我与他者的关系，就是对他者"面容"的回应和责任。这种关系和要求先于任何自由的承诺、契约或接触。自恋者在认知和情绪上排除、否认他者，坚持自己的利益、形象、面子优先于其他人，所以他们从根本上就违背了伦理，更不用说他们在行为上是非道德的，甚至是触犯法律的。

再如，后现代理论中的女权主义强调，男女性别不平等的本质存在于政治、权力关系与性意识之上。她们致力于探究的主题包括歧视、刻板印象、物化（尤其是关于性的物化）、身体、压迫与父权。但女权主义常常又把女性塑造成受害者，它让女性觉得自己是弱势的，是需要被保护的，反而削弱了她们的自信和独立性。本书列举的自恋虐待受害者的个案都来自女性咨询求助者，这是否也可以从女权主义正反两个方面的影响做一些理论探讨？

总之，如果我国的研究者和实践者能够对自恋现象进行深入的理论思考，探索自恋者及其家庭背后的中国文化运作模式，那么我们的成果将不仅是罗列和跟随，而是创新和超越。同时，像本书这样的自助且助人的图书将对"自恋虐待受害者"产生较为广泛的积极影响，从而获得更多的认同和赞许。

我赞赏作者全面和细致地揭示自恋虐待受害者处境的勇气，她对自恋虐待受害者表现出的同情与共情，以及她希望帮助他们走出困境的真情实意。正如作者所指出的，受自恋者伤害的人常常认为自己倒霉，选择屈服，但这种态度不仅会伤害受害者本人，还会波及他们的孩子、亲友和同事。有人在网上说，自恋型人格障碍正在破坏着中国家庭。因此，本书的出版将惠及远远超出自恋虐待受害

为什么总是我的错：摆脱自恋者的操纵

者范围的广大人群！

谈及中国家庭，许多咨询师常将求助者的问题归咎于原生家庭，本书似乎也有类似倾向（如第 2 章内容）。然而，为何中国似乎突然涌现出了大量自恋者和自恋型家庭？这或许应该从超越了家庭的时代背景中去寻找答案。中国传统文化强调个人应服从家庭整体。但近百年来，西方的个人主义思想影响了几代中国人，个人利益和个体边界的概念逐渐深入人心，传统文化的约束力大大减弱。少数极端自恋者甚至只愿听关于自家的好话，不容对他人的赞美。任何羡慕外人者，皆被视为有异心，非坏即奸，必被铲除。因此，关于自恋者的讨论意义远超个人和家庭范畴，读者应能从本书的论述中推断出，若极端（病态）自恋者群体的态度无法得到控制和纠正，那将对我国的现代化发展和中国梦的实现造成可以预见的危害。

最后，祝贺《为什么总是我的错：摆脱自恋者的操纵》一书的出版！

中国科学院心理研究所

张建新

前言

我一直很想写一本书，为那些我所认识的善良、坚强、勇敢的人。

他们经历过残忍的虐待，仍然没有放弃对生活的热爱、对自己的责任、对未来的梦想。即便是承受着巨大的压力，被痛苦、迷惘所折磨，他们仍然勇敢向前，努力走出心灵的阴霾。他们倔强地抗争，顽强地坚持，不断地探索，担负起生活的责任。

他们，是我们平凡生活中的勇士，是忠诚的伴侣、尽责的同事、耐心的朋友、善良的兄弟姐妹。他们努力缝合生活的裂痕，为这个世界带来持久的温暖和希望。

与他们初相识，我就很震惊。他们是那么优秀，大多数人都受过良好的教育，有着出色的能力，美丽，温柔，乐于合作。从任何一方面来看，他们都是人们乐于结识的朋友、愿意相伴终身的伴侣。然而，他们却在一段令人绝望的关系中饱受折磨，精神受到摧残，健康受到损害，工作、生活陷入困境。曾经开朗、自信、充满梦想的他们，变得软弱、自卑、迷惘、无助，仅仅是因为，他们对于自恋者表现出关心、理解、忍耐、支持。

在我们生活的环境中，人们对自恋者的了解太少，而对自恋者的容忍度又太高。自大、傲慢、粗暴、撒谎、嫉妒，只被看作无伤大雅的小缺点，而不是病态人格的征兆。人们缺乏心理健康的常识，不了解精神虐待也足以摧毁一个人的生活，甚至会让人付出生命的代价。自恋者的病态行为，是一种精神虐待。与自恋者结成亲密关系，会让人承受复杂的心理创伤。脱离自恋关系的人，很多都出现创伤障碍的症状，是有毒关系的幸存者。

很多人习惯于男强女弱的搭配，对于自恋者比较宽容。一个男人忽视家庭，冷漠暴躁，对孩子要求很严，很多人会觉得这位父亲没什么大毛病；而女性温柔顺从、放弃自我、困守家庭，人们又觉得没什么大不了。有的家庭里，父母有着严重的心理问题，家庭沟通的方式很病态，孩子过得很痛苦，人们却不以为意。因为有这样的文化氛围，很多人对伴侣的病态行为缺乏应有的警惕。他们一厢情愿地觉得只要足够忍耐，积极沟通，努力再努力，就会大事化小，小事化了。在很多自恋者的家庭中，其伴侣和孩子生活得很痛苦，人们却视而不见，觉得只是普通的家庭纠纷。

如果人们有起码的知识储备，受到更多鼓励，遇到残忍的行为知道躲避和拒绝，就可以更好地保护自己，这样，婚姻家庭的质量会提高，少年儿童的成长环境会改善，这就是我写这本书的初衷。

为了帮助大家识别自恋者的有害行为，我在第 1 章中描述了七副面孔，标记出自恋者最典型的特征。书中选取的案例都来自自恋虐待幸存者的真实经历，我在个人信息方面做了必要加工，以保护幸存者的隐私。然后我会分析自恋者这么做的动机和逻辑，帮助你认识到你的痛苦不是你的问题，而是他病态的行为所导致的。接下来，我会分析幸存者在经历这些事情时的心理状态，以及应对这些情况的原则和方法。如果你对其中一些描述感同身受，也有相同的困惑，那么这些原则和方法可能会帮到你。

本书的第 2 章，是有关自恋障碍形成机制的介绍。我尽可能选择其中最容易理解的概念，结合我们生活中最常见的现象加以分析，帮助大家粗略地明白自恋障碍是怎么形成的。由于工作的原因，我能接触到大量十五六岁、十七八岁的孩子，以及他们焦虑的父母。这个年龄正是人格发展容易出问题的时期。这些孩子身上的问题，与父母对待他们的态度有直接的关系。这部分内容，可以帮助幸存者理解自恋虐待的原理，也可以帮助一部分焦虑、困惑的父母看到亲子关系中潜在的危险。

本书的第 3 章，是关于自恋虐待手段的介绍。我承认这一章是我写作本书费时最长的一章，因为我不得不重新回顾自己的经历，重新复盘那些令人痛苦的细节。只有在这时候，我才意识到，那些经历都是真实的、深刻的、痛切的。我所认识的那些幸存者和我这本书的读者们，都曾经经历过，甚至正在经历着同样的事情。写作过程中，我有时会忍不住微微颤抖。我坚定地认为，把这些经过简明扼要地整理出来，让大家看清其中的原理，会对大家有更好的帮助。

本书的第 4 章，涉及幸存者与自恋者分手后一两年之内遇到的问题，以及应对它们的原则和方法。在五六年前，甚至直到现在，人们在网上接触到的有关自恋的信息、知识，仍然以自恋障碍的症状为主。我认为，在疗愈初期，人们了解这些知识是有帮助的。知道自己经历过的事情，其他人也经历过，会让人不再孤独、茫然和混乱。

然而我发现，过度关注自恋障碍病理，会让人忽视自身感受，不能更好地理解和接纳自己。而这正是幸存者最急需的。于是，我开始写作有关内容，并在幸存者群体中引起了广泛的共鸣。我创办了自助性的疗愈团体，探索自恋虐待创伤的团体疗愈。我的团员们给了我极大的信任和热烈的支持，我们共同分享知识、经验、感受和体会，彼此扶助、支持。大家都在团体中收获了积极的情感体验，获得了成长，包括我自己。

所以我认为，第 4、第 5 两章是本书真正的精华，因为它们是来自疗愈团体一线的鲜活体验。

第 5 章的内容是有关新生活的。疗愈之后的幸存者，工作、生活各方面都发生了可喜的变化。我忍不住把这些新鲜的感受分享给大家，希望你们看到，在摆脱自恋型关系之后，生活会变得多么令人振奋。

在每一章的结尾，我都做了一段知识分享的内容。心理学的发展源远流长，知识体系庞大，著作丰富，名家众多。我尽量选取那些对幸存者有益的知识点，做简单通俗的介绍。

所以，这是一本由幸存者书写，也是为幸存者所需要的心理自助书，讲述的都是自恋虐待幸存者最关切的话题，也包含幸存者迫切需要了解的心理学常识。如果你有类似的经历，你会发现，书中给出的都是具体、可操作的解决之道。如果你身边的亲友有类似的困惑，你会知道如何倾听和帮助他们。但是我不建议你把这本书送给自恋者本人，因为自恋者不会接受自己有问题，告诉他只会带来新的烦恼，让你们的关系变得更加复杂。你要知道，无论他是否承认错误，都与你现在的生活无关。重要的是，他离开了，这就是过去那段经历最好的结局。

目录

第 **3** 章

从控制到虐待：揭秘自恋虐待的运行机制

第 **4** 章

从觉醒到治愈：远离亲密关系中的自恋虐待

第 **5** 章

勇敢走向新生活

第 **1** 章

认识自恋:
自恋者的七副面孔

❦

让你迷恋的"大男人"其实是自恋者

无法控制的怒火:自恋暴怒是怎么回事

"我必须是最优秀的":自恋者对优越感的病态渴求

爱面子的人,其实内心很脆弱

"你不知道他哪一句话是真的":自恋者为什么爱撒谎

"你们都要为我服务":自恋者喜欢剥削别人

到底哪一个才是真实的他

你应该了解的冷知识:什么是自恋型人格障碍

❦

我们生活里有些人很具有迷惑性，初相识时显得风度翩翩，自信而有魅力；他们通常口才出众，很善于说服别人。等真正相处下去，才发现他们自私又傲慢，控制欲还特别强。跟这样的人结婚或成为朋友、同事，他就会凌驾于你之上，支使你，贬低你，控制你，打击你，让你感觉特别郁闷……这些人在心理学领域有个专有名词，就是"自恋者"。他们那些带给人压抑、痛苦的做法，就是自恋型人格障碍的表现。

　　在这里，我要结合一些具体案例，来帮助大家识别自恋者的一些典型特征，并用一些形象的名词来概括这些特征。

让你迷恋的"大男人"其实是自恋者

琳娜结婚五年了，一儿一女，衣食无忧。老公是公司高管，收入不菲。所以，琳娜第一次怀孕时，老公就让琳娜辞去工作，专心照顾家庭。当时琳娜心头也闪过一丝犹豫，毕竟专业对口，老板和气，同事相处融洽，她舍不得这份工作。"你每月的工资，还不到我的零头，为这一脚踢不倒的钱，每天辛辛苦苦，看老板脸色，不值得！"老公手一挥，大大咧咧地说。琳娜张了张嘴，想说点什么，又无从开口。

曾经，琳娜是个活泼开朗的女孩，可是自从认识她老公之后，不知不觉间，她变得越来越谨慎小心，容易妥协。她老公能力很强，但脾气有点儿不可捉摸，不知道什么时候会因为一些小事情突然就生气，吹胡子瞪眼，样子变得很吓人。琳娜是个好脾气的人，觉得犯不着为一点儿小事跟他较真。所以，不管事情的起因是什么，到最后十有八九是琳娜做出让步，这渐渐成了他们家的常态。

两个孩子相继出生，家务自然就多了起来。开始，家里还请了阿姨帮忙，但是干了没多久阿姨就离开了。阿姨虽说没什么文化，但带孩子有经验，干活利索，性格爽快，爱说爱笑，琳娜跟她相处得挺好，闷在家里正好有个人可以说说话。但是，老公觉得阿姨影响了琳娜，让琳娜不听自己的，就找个碴儿把阿姨辞退了。

没了阿姨帮忙，儿子身体又不太好，琳娜每天忙活家里这点事累得够呛。她盼着老公回来能跟他说说话，但是又有点儿不希望他回来，因为他越来越不耐烦，开口闭口就是"我养活你们一大家子"。跟他谈家庭、孩子必要的开销，都要看他的脸色。保姆走了，琳娜成了不领工资、没有休息日的保姆。老公爱干净，看到家里有一点点脏乱，东西用得不顺手，马上就发脾气。赶上孩子身体不舒服，入睡更不容易，老公又不让开灯，琳娜只能摸黑抱着孩子在地下走来走去，哄他睡觉。

有一次，老公难得带琳娜出门应酬，刚上车发现琳娜的衣服和鞋子不搭，马上变了脸色："成天待在家里，邋里邋遢，一点儿品位也没有！没脑子，做事没有计划，事到临头手忙脚乱。"琳娜刚刚辩解了一句，说是下午才知道晚上要出门，刚把孩子送到姥姥家，来不及换鞋子，老公的声音就高了三个八度，那神态就像要把人吃了，马上停下车，打开车门要把琳娜撵下去。还是琳娜解释了半天，老公才虎着脸把车开走了。

整个晚上，老公都没怎么搭理琳娜，却跟别人谈笑风生，应酬得体。听着一帮不熟悉的人聊着自己插不上嘴的话题，琳娜感到格外失落。除了回答别人的恭维"嫂子真年轻，真漂亮"，琳娜就不知道说些什么了。她忽然明白了，老公带自己来这里，就是想炫耀一下，怪不得他对自己的着装那么在意。

回来的路上，老公很兴奋，不停地讲这些年自己的荣耀，话里话外，还不忘带上一两句"这事你不懂""换了你就搞不定"。琳娜越来越觉得，自己成了老公生活里的配角，一个可有可无的人。她有点儿后悔当初辞了工作，导致老公越来越看不上自己。她还不到30岁，按说再找工作也是可以的。然而，找个什么样的工作呢？

自己五年没上班，还能适应社会吗？自己不上班，老公还一堆意见；真要上了班，老公得是什么态度？琳娜不敢想，曾经那个快乐、自信的自己，越来越模糊了。想起家庭、老公、孩子，她心里就阴沉沉的，提不起精神。然而，这又是她生活的全部。

自我中心的自私鬼：自恋者的第一副面孔

琳娜没有意识到，自己正处在一种自恋型关系中。

她的婚姻是不平等的，老公占据了绝对的主导地位。虽然在法律上他们是平等的夫妻，但是在这个家庭内部，只有丈夫的愿望得到了足够的尊重，而妻子的意见可有可无。她必须首先满足丈夫的要求，让他感到舒适、满意。她为家庭做出的贡献——照顾丈夫、抚育孩子，虽然如此重要，却经常被忽视。她希望得到情感上的慰藉、人格上的尊重，她考虑恢复工作，发展自己的事业，却得不到丈夫的响应和重视。她成了丈夫的附属品，她唯一的价值就是成为这个男人需要的人，成为他意志的延伸。至于她有什么自己的想法，想要做些什么，那都无关紧要。

他们长期以来相处的方式，已经严重侵害了琳娜的利益，进而侵蚀了她的自尊。随着她越来越"适应"这种关系，她的自我价值感就越低，越没有底气维护自己。她被看作一个依赖丈夫讨生活的小女人，没有独立的人格、个性。她习惯于不声不响，隐藏自己的愿望、情绪，因为她不想惹恼那个高高在上的人——她的丈夫，在她看来，离开这段婚姻，她就什么都没有了。

更重要的是，由于情感和精神的退缩，琳娜与社会的接触面越来越窄，所能得到的资源和支持也越来越少。就算她最终对此忍无可忍，决定离婚，她也会面临很多现实的困难。

琳娜之所以会陷入这种境地，根本的原因是她的伴侣是一个有着强烈自恋特质的人，也就是我们通常所说的自恋者。这种人最显著的特点就是极其以自我为中心，把别人看成满足自己需要的工具，本质上非常自私。他看不到别人的需求，根本做不到尊重别人，平等相待。

自恋者是富有迷惑性的。在不熟悉的情况下，他会显得很客气，礼貌周到，自信从容，甚至风度翩翩。只有到了比较私人的场合，自恋者才会放松戒备，显露出他们自私、霸道、控制性极强的一面。如果你是一个容易妥协的人，不喜欢跟别人起争执，为了关系的稳定，宁肯放弃一些自己的主张、利益，那么你就容易被自恋者支配。

自恋型关系以自恋者为中心，以满足自恋者需求为第一要义，所以，它对伴侣而言是极度不平等的。在普通人眼里很不正常的事情，却是你习以为常的待遇。他可以理直气壮地教训你，呵斥你，你却默不作声，不辩解，甚至给他道歉，认错；他给你定了苛刻的规矩，你却不敢反抗，默默忍受；他可以随时发泄情绪，你却必须小心翼翼，谦卑顺从。一旦你与自恋者结成稳定的人际关系，你就会受到他人格缺陷的伤害，这就是自恋虐待的来源。

而那些边界清晰、自尊稳定、有主见、不惧怕冲突的人，即使跟自恋者相处日久，也不会被拉进这种自恋型关系中。

强大是假象，自私才是本质

琳娜当初接受她老公的追求，是觉得他有男人味儿，能给自己安全感。没想到走进婚姻之后，他会变得这么自私、霸道、自我中心，让人难以忍受。

琳娜需要意识到，自我中心，对他人颐指气使，跟真正的强大有本质的区别。

自恋者的强大只是一种表象，其真实的内心世界是虚弱的、自我怀疑的，所以他才会用"强大"的外表来武装自己，去吸引猎物。一个真正内心强大的人，反而会显得平和、淡定，懂得尊重别人，愿意理解和支持别人，因为他知道，支持别人并不会威胁到自己的价值。他能够欣赏别人的个性，真心地为别人感到高兴。

有人觉得男人脾气大是有气概，其实这是一种误区。一个人爱发脾气，只能说他自尊不稳定，容易体会到羞辱和挑衅，所以需要发脾气来转移怒火。生活中确实有些事值得我们愤怒，但不会是身边的琐事，我们也不需要朝身边关心自己的人乱发泄。所以，观察一个人因为什么事发脾气、朝谁发脾气，就可以知道他是不是真的强大。

"慕强"是一种常见的社会心理学现象。在经济增长乏力的时候，女性的就业环境更艰难，压力更大。在这种情况下，很多女性会倾向于将婚姻当作自己的退路和避风港。然而，如果你把希望寄托在一个自私自利、伪装强大的自恋者身上，你的期待就会落空。你会发现他一面对别人妥协退让，一面又对你盛气凌人，专横跋扈。这个时候，强大只是他的伪装，只是用来庇护他自己的一层外衣。你想要找一个避风港，却发现港湾里的风比外面还大。

婚姻是女性人生中的重要选择。你需要确认自己真的想要和对方共度一生，而不是考虑和他结婚能给你带来什么，为此而忍耐他的本性。你要知道，那些你觉得"忍一忍就可以过去"的小事，会越滚越大，成为你生活中最大的痛苦。

无法控制的怒火：自恋暴怒是怎么回事

有人觉得男人脾气大没什么大不了，甚至是"男人味儿"的体现。殊不知，一个人控制不了自己的情绪，时常大发雷霆，是人格病态的反映。

肖潇的上司是一位说一不二的强势领导，他发脾气的时候，会指着人的鼻子骂上半小时，拍桌子、摔东西都是家常便饭。有一次，肖潇亲眼看到他把路边的垃圾桶踢翻了，起因只是他们约见的人没有按时抵达约定的地点。上司劈头盖脸地骂肖潇是"废物""毫无办事能力""搞砸了公司的生意"。肖潇解释说可能是堵车，却招来一阵更激烈的辱骂。烈日下，肖潇一边擦眼泪，一边忍住双手的颤抖，给客户打电话。

事后肖潇回想起来，这个客户并没有跟上司明确敲定见面的时间地点，只是在酒桌上随口说了一句"有时间见面聊"。上司就脑子一热，以为生意有门。更重要的是，他事先并没有安排肖潇跟进这个客户，以及负责接待事宜。当天，上司也是一时兴起，想起这件事，就火急火燎地要出门。结果到了地方，却等不到人。也就是说，这件事是上司自己搞砸了，因为肖潇正好在身边，她就成了他的出气筒。

当时，肖潇一边给客户打电话，一边还要忍受上司的催促、指责，脑子都是乱的，根本没办法想清楚事情的原委。后来事情过去好几天，肖潇才想明白这一切。她感到很委屈，却找不到机会解释这件事。在这公司干了三年，她变得越来越胆小，生怕一点事出了岔子，招致上司的雷霆之怒。

同事们见了上司，也像老鼠见了猫一样，都溜着边儿走。上司就像一个火药桶，说不上什么时候就炸。每次有人被训斥，别人都低着头不作声，生怕战火牵连到自己。

肖潇甚至因此患上了慢性头痛，白天无精打采，晚上又睡不好。每次要到上司面前汇报工作，她就浑身难受，后背僵硬，胸口发闷，喘不过气来。每次被上司训斥，她都要难受好几天，觉得自己连这么简单的事情都做不好，简直太没用了。肖潇原本很喜欢这份工作，但是因为上司的缘故，干得越来越吃力。后来，肖潇在老公的支持下，辞去了这份工作，宁肯每天通勤一个多小时，也不愿意忍受战战兢兢的生活。

一碰就炸的火药桶：自恋者的第二副面孔

肖潇意识到，自己遇到了一名自恋型的领导。她前上司的表现，是一种典型的自恋暴怒。

如果你遇到的人经常为一些小事情绪爆发，攻击他人，那么他很有可能处于自恋暴怒的状态。自恋暴怒的特点是爆发突然，情绪强度与其遇到的事情极不匹配，暴怒者会猛烈地攻击身边关系密切的人。通常，这个人并不需要为这件事负责，但是他还是会把这个人拉进来，责怪其造成了眼前的"恶果"。

比如，有的人会因为找不到常用的东西而责怪别人粗心，因为自己搞不定琐碎的事情而责怪别人不帮忙，遇到临时的变故就指责别人没有把一切安排好。他会突然爆发出毁天灭地般的怒火，甚至会发出"要你死"这样的诅咒，因为自恋者在暴怒的时候，感受到的是自我崩解的恐惧。

不是所有的愤怒都属于自恋暴怒，普通人也有情绪失控的时候。但是自恋者的暴怒是经常性的、无法自控的，甚至是无法自我觉察的。自恋者在暴怒的瞬间，会觉得全世界都在与他为敌。

自恋者之所以会突然爆发愤怒，是因为他心目中全知全能的自我形象受到了挑战，这是他所不能面对的。在那一瞬间，他感受到一种自我崩解的危险，一种濒临死亡的恐惧。所以，他要用尽全身力气来对抗这个现实。

容易触发自恋暴怒的几种情形

1. "你让我感觉有缺点、很差劲"

无论是直截了当地指出问题，还是无意中衬托出自恋者的缺点，他们都会瞬间从羞耻转为暴怒，对你发动攻击。在自恋者心目中，自己是完美无缺的。如果你让他感觉自己有缺点——极端思维下，这将被换算成一无是处，那一定是你的问题，你在恶意攻击他。

一个人是不可能没有缺点的，但自恋者无法接受这一点。如果你不能时刻小心翼翼维护他这种感觉，就会随时触发他的自恋暴怒。因为担心触发自恋者的暴怒，周围的人不得不战战兢兢，如履薄冰。这种高度紧张的状态，会给人带来长期的压力。

2."你没有及时满足我的需要"

自恋者把亲近的人看作工具，甚至自己的一部分，要求对方随时随地满足自己的需求。而正常人是不可能随时待命的，所以，因为"侍候不周"引发的暴怒就会经常发生。这会让人疲于应付，耗费大量的时间、精力。自恋者就像哄不好的婴儿，随时随地发出指令，索取服务，让身边人感到身心疲惫。

3."你也有缺点、脆弱，需要陪伴、抚慰""你需要我承担责任"

待在自恋者身边，你是不能有缺点的，也要小心不在他面前暴露软弱，寻求安慰。自恋者能够同甘却不能共苦，越是需要他的时候，他越会翻脸无情，因为你的缺点会让他感觉自己不完美。而陪伴、抚慰他人，需要动用人的共情能力，这是自恋者的短板。如果你需要他承担责任，他会感觉超出自己的承受能力，威胁到他的自我认知。所以，自恋者经常在别人最需要他的时候玩消失，甚至断崖式分手。他希望你自动解决自己的问题，然后再回来为他服务。

4."你拥有我从来没有过的东西，让我觉得自惭形秽"

一位女孩在与男友开车兜风的时候笑得很开心，打开车窗唱歌，跟路人打招呼。身旁开车的男友忽然表情扭曲，大声斥责她，说她"疯了""没有女人样儿"，命令她马上关窗户。女孩自然、松弛、快乐的状态，让他意识到自己从来没有这样开心地笑过，突然涌起的嫉妒让他"破防"了。自恋者会在你自由自在、开心畅快的时候给你泼冷水，因为他意识到自己无法拥有这些他羡慕的东西，你良好的状态让他感觉受到了威胁。嫉妒带来的暴怒，在自恋暴怒中占有很大比例。

自恋暴怒的三种发泄渠道

（1）**冷暴力**：所谓冷暴力就是拒绝沟通，对他人的诉求毫不理睬。冷暴力虽然不言不语、不做任何事，其实对人自尊心的杀伤力却非常强。它就像在人面前竖起一道玻璃墙，强行把你关在外边。遭遇冷暴力会让人陷入绝望，觉得自己被蔑视、被羞辱，觉得自己一文不值，最终放弃对自恋者的任何要求。

（2）**言语暴力**：贬低、指责、辱骂他人，让他人陷入低自尊的状态，不敢要求起码的尊重。

（3）**躯体暴力**：无法控制的自恋暴怒，都有转为躯体暴力的可能性。

频繁的自恋暴怒，会让身边关系密切的人生活在间歇性的精神暴力之中，承受极大的精神压力。

如何应对自恋暴怒

1. 避开危险的环境

你有不受伤害的权利，这应该成为一条准则。在自恋者暴跳如雷、横加指责，甚至动手攻击时，你可以离开现场，免得被伤害到。

这对那些小时候遭受过父母家庭暴力、有过心理创伤的人可能会有些难。很多儿童经常会被父母的暴怒吓呆，失去逃走的力气。然而现在你已经长大了，不需要再害怕任何人，你可以保护自己。

2. 不跟他争辩是非

自恋者暴怒的时候绝非一个讲道理的好时机，不要在他气头上跟他争执，以免他的怒火越燃越旺。跟自恋者长期生活的人，因为受到很多委屈，在自恋者发脾气的时候也会被引燃情绪。但这时的争执于事无补，甚至可能延长眼前的局面，实在是得不偿失。

3. 创造更多第三者在场的机会

自恋者在意的旁观者，可以在一定程度上阻止事态恶化。如果你无法立即走到人群中，可以提醒他"如果别人看到你现在的样子，会怎么想"。虽然他可能仍然怒气冲冲，说自己不在乎别人的看法，但他的愤怒程度会有所下降。

4. 记得保留受伤害的证据

无论何时，记得法律会保护受到暴力伤害和威胁的人。智能手机的普及、网络的便捷，让搜集证据，包括报警求助都变得容易了。如果你生活在恶劣的环境中，记住一些便捷的求助方式，会保护你的安全。你可以把自己的经历告诉你信任的人，以期在必要的时候获得支持。

5. 不要害怕

自恋者是屡弱的人，你的恐惧会让他觉得自己强大，自恋暴怒的本质是欺软怕硬。经常承受他人的暴怒会让人变得胆小怕事，但是你要知道，那些控制不住自己脾气的自恋者，其实害怕很多人。你需要做更多的认知调整，让自己的内心更强大。

有人在跟自恋者分手时，曾遭遇过死亡威胁。这其实是他内心恐惧的流露。在做好自我保护措施之后，你完全可以过正常的生活。

"我必须是最优秀的"：自恋者对优越感的病态渴求

你发现了吗？我们生活中有些人特别喜欢吹嘘自己，总是有意无意地显示自己在各个方面高人一等，衣食住行、生活经历、交际圈子全都让人高不可攀。其实，对优越感的病态渴求，是自恋者的典型特征之一。

结婚七年以来，安琪变得越来越不自信。

老公在事业单位做中层，事业前景有限，不过胜在稳定。两人没有孩子，所以凭着每月的收入，生活得还不错。但是在老公心目中，他这算低就了。在家里，他最常聊到的话题就是单位谁谁不行，谁谁是个蠢货，谁谁不懂装懂，完全配不上他的职位。吐槽完别人，下一步就是自吹自擂。七年来，老公的辉煌经历，安琪都听得耳朵出茧了。

婆婆曾经在体制内的上级单位做过小领导，她也觉得自己的儿子是屈高就下。这娘俩在一起，最开心的就是吐槽、评点普通人，对于有权势者无底线地吹捧。在他们口中，金钱、权势、地位、名声就是评价一个人的全部标准。身为公立学校教师的安琪，也是他们评点的对象，为了衬托他们口中的成功者而存在着。这让安琪很

为什么总是我的错：摆脱自恋者的操纵

懊恼，又无可奈何。

有一次，老公网购的卖家发货不对版，他打客服电话训斥客服小妹，还不忘强调自己是名校毕业，在赫赫有名的单位工作。安琪心说：对方就是个打工妹，货不对版，给你换货就是，谁在乎你是哪里毕业、在哪里工作？

还有一次，两人在饭店吃饭，服务员上菜慢了一点，老公也发火，把小姑娘叫过来训了半天。"你是什么人，敢看不起我！你挣多少钱？我挣多少钱？耽误我的时间你赔得起吗？"把小姑娘训得直掉眼泪。安琪劝老公算了，还被老公戗回来："这种人就是狗眼看人低，你就是没骨气，被人欺负习惯了。"

安琪不能理解，一个普通人，哪来的这么多傲慢，看不起这个，看不起那个的？为什么他对身份地位这么在意，什么事情都要扯到谁高谁低上来？

婚姻让安琪痛苦不堪，除了自高自大，看不起别人这点，她老公还有很多折磨人的地方。比如，说话喜欢含沙射影，暗中贬低。安琪曾经生活在一个家教严格的环境中，老公的挑剔、贬低、嘲弄，让她情绪低落、焦虑不安，甚至长期失眠。安琪在考虑离婚的时候，接触到有关自恋的知识，她的想法才逐渐变得清晰：原来她相伴七年的老公竟然是个自恋者。

吹牛成瘾的自大狂：自恋者的第三副面孔

自恋者内心存在对优越感无止境的追求，这导致他对自己的评价总是严重偏离实际状态。

自恋者生活在一个竞争与评价无所不在的世界，他对自己的认识严重依赖外界的评价标准，一旦发现自己在通行的标准里够不上优秀，就会诱发他心底的恐慌。为了维持自己心目中的高大形象，他会在潜意识里虚构现实，将自己与认知里最能干、最有权势、最聪明、最有魅力、最有影响力的人画等号。

人格障碍者的生活就是他内心的折射，他的人际关系就是他内心状态的外化。自恋者需要自己是高大完美、无所不能的，他会不自觉地在生活中构建这样的关系。他吹牛，贬低别人，享受别人的崇拜，乐此不疲。他需要一再确认自己是优秀的，不是凡俗之辈。

自恋者追求优越感的不同手段

1. 自我夸大

社交场合中，我们都见过这种人，总是热衷于谈论他自己，觉得自己比所有人都强。衣食住行、学历工作、干过的事、认识的人、用过的东西，全都不同凡响。别人的点头、赞叹、佩服的眼神、夸奖的言语，就是他的兴奋剂。一场吹得很嗨的聚会过后，自恋者还会回味无穷。为了多多享受，他们会急不可耐地参加各种社交活动，会不由自主地夸大其词。有时吹得多了，自己都信以为真。这一类自恋者，语言显得极为浮夸，充满诸如"最大""最好""最有名""最有钱"一类的形容词。

这种自我夸大的"社牛"，属于自恋者中很好识别的类型。他们通常性格外向，热情活跃，容易引起他人注意。一般来说崇尚谦卑、自律，对于喜欢吹牛的人评价较低，但是在大家都不太熟悉的情况下，浮夸型的自恋者却能迅速炒热气氛，所以往往成为聚会中引人注目的人物。

2. 表现癖

细分起来，表现癖和自我夸大的过程是有区别的。自我夸大是"吹爆"自己，通过极致夸张自己的优点，获得"我很优秀"的认知；而表现癖的关键在于对他人关注的争夺。为了让自己处于更引人注目的地位，自恋者会"拉踩"别人来突出自己，就像小孩子争夺父母的注意力一样。在这一类自恋者心目中，只有在人群中表现突出，才能满足他的自恋。

所以你观察他的语言，也是"别人差劲，所以我很优秀"的句式比较多。为此，他还会有意无意地制造竞争的局面，验证自己的优秀。你会发现，在某些人身边，你会更容易陷入竞争的境地。他们会去捕捉机会，夸大分歧，激起冲突，然后在冲突中打败你，他们才会得意扬扬。要是遇到挫败——没有在竞争中占尽优势，他们就会耿耿于怀，出言讥讽，挑你的毛病。

对于一个具体的自恋者来说，基本上是以一种手段为主，但也不会完全排斥另一种手段。一个以吹牛为主的浮夸型自恋者，也会"拉踩"别人，但他最常用的是吹牛。表现癖类型的自恋者，也会经常吹嘘自己，不过他最喜欢的还是在竞争中胜出。

优越感和自信是两码事

自信来自内在稳定的自我价值感。也就是说，一个人知道自己是谁，对自己有恰当的评价，不会因为别人说什么而自我怀疑。而优越感其实是一种自我价值的确认，一个人需要经常验证自己高于别人，这是在追求优越感。自恋者良好的自我感觉，高度依赖外界评价，离开他人的目光，他们就无法定义自己。

自恋者的世界充满两极分化的评价，要么是全优，要么是一文不值。自恋者必须在世界的顶层，这是他唯一感到安全的地方。他必须整天谈论这些别人都羡慕的好东西，才能找到自己的存在感，哪怕是撒谎、吹牛，贬低别人，也要跟这些好事挂上钩。

自恋者确实有自尊不稳定的问题，但是他对自己的评价却是严重高于现实的。自恋者感觉最舒服的状态，就是验证了自己比周围所有人都优秀，都厉害，都卓尔不群。那种得意扬扬、睥睨一切的状态，就叫作自恋满足。

如何应对一个喜欢吹牛、"拉踩"的自恋者

1. 分清议题，保持距离

首先我们得明确，对优越感的苛求，是自恋者本人的议题，我们自己没有这个焦虑。他不由自主地撒谎、吹牛，贬低别人，抬高自己，只会给他的生活带来更多困难。

所以，对于自恋者自大、吹牛、撒谎、"拉踩"、挑衅的态度，能够保持无感的状态，就不会受到消极暗示，损耗你的自我价值感。如果不得不和自恋者有来往，那么保持适当的距离，不接近，不回应，不深究，这种状态就很好。

2. 不必拆穿自恋者的伪装

自恋者的内心是孱弱的，需要一个虚假的外壳来保护他。戳破他的保护壳，与他为敌，是不必要的。如果你总有这样的冲动，想要当众揭穿自恋者，让他出丑，这首先是一种可以理解的情绪，然而也是被自恋者制造出来的情境。他们喜欢竞争，喜欢表现优越，你们之间存在这种情感张力，也是进一步绑定你们关系的一个契机。

你揭露他，他肯定要反击，你们之间就会变成一种缠斗。对于威胁自恋者自我形象的人，他会努力捍卫自己，甚至不惜抹黑你嫉妒、诽谤他。然后你们再围绕这个虚假的问题展开新一轮斗争，值得吗？有意义吗？

没有对手，他也要创造对手来显示优越。现在你主动站出来迎接挑战，他只会斗志昂扬，精神百倍。

3. 培养一种不在乎的能力

容易被自恋者操纵的人，大多有良好的观察力、感受力，对他人的情绪敏感。意识到别人对我们心怀恶意是令人不快的。然而，从心怀恶意到恶行加深，需要一个互动的过程。不在乎，就不会被伤害。因为你没有给出自恋者需要的反馈，你就成功地把自己排除在自恋者的猎场之外。

4. 看到自己的优势，提高自我价值

与自恋者相处日久，容易对人的自我价值感造成消极影响。所以，你需要练习一些自我肯定的方法，列出自己的优点，并习惯给自己加油、鼓劲。无论你有没有遇到过自恋者，这都是一个很好的习惯。

爱面子的人，其实内心很脆弱

你有没有遇到过脸皮薄、容易急眼的人？你在他身边说话得特别注意，一不小心就会得罪他。其实，这也是一种自恋症状。

纪泽是欣怡的同事，看起来不是太合群。热情的欣怡希望纪泽多参加一些公司的活动，别再做边缘人。随着逐渐熟悉，欣怡了解到更多纪泽以前的经历：因为单亲家庭，所以小时候经常被同学欺负，他只能发奋学习，让同学看得起自己。在大学里被辅导员针对，取消他的奖学金资格，他去找辅导员对质，却被辅导员羞辱。在单位，他的创意被同事窃取，得到领导的支持，升职加薪却没他的份儿……

欣怡被纪泽的悲惨遭遇打动了，觉得他遭受了太多的误解、不公、屈辱，自己有义务让他感受下这世界的阳光。她热情地鼓励他，夸奖他，希望他振作起来，勇敢地表现自己；当他心情不好、郁郁寡欢时，开导他，安慰他。随着他们逐渐走近，欣怡发现了纪泽隐藏的优点：感情细腻，喜欢读书、思考，博学多才，对很多事情有与众不同的见解。她对纪泽产生了好感，一来二去就谈起了恋爱。

随着交往的深入，开朗的欣怡开始变得小心谨慎。在欣怡看来，饱受欺凌的童年，给纪泽留下心理阴影，让他不能充分施展才干。能够得到纪泽的信任，她很珍惜，所以她会十分照顾纪泽的感受，说话做事都很小心，避免被他误解。

有一次，单位同事组织郊游，欣怡问纪泽要不要参加，纪泽不置可否。欣怡就替二人报了名，因为他们以前也参加过这样的出游，纪泽看起来还挺高兴的。

出发的时候，欣怡因为是组织者之一，有一些团体的事务要处理，把纪泽安排在一位同事身边就忙活别的事去了。等车开动，欣怡发现同事们聚成几个牌局，已经开始打牌了，只有纪泽一个人坐在角落里，百无聊赖地发呆。欣怡招呼纪泽过来，纪泽也无动于衷。欣怡没有多想，就和同事玩在了一起。

结果，整个郊游活动中，纪泽都显得格格不入，脸色阴沉，别人跟他说话他也爱搭不理。欣怡私下劝他多跟大家一起玩，纪泽说："一帮无聊的人，有什么好玩的？"

欣怡有点儿不快："既然你不喜欢跟大家在一起，为什么还出来玩呢？"

纪泽："还不是为了照顾你的面子？你是组织者，我不来，显得你没号召力。"

中午聚餐的时候，同事们在餐桌上玩游戏。玩到高兴处，有一位跟纪泽搭档的同事，因为纪泽跟不上节奏，不小心说了一句"反应迟钝"，结果惹恼了纪泽。纪泽当场发作，揪着那位同事不依不饶。还是欣怡百般劝解，大家才勉强吃完午饭。

晚上回到宿舍，纪泽还是虎着脸，气氛显得特别压抑。后来，又是一件小事，纪泽开始嘀嘀咕咕，不停抱怨。欣怡忍不住跟他理论，纪泽却说："其实你跟他们一样！"这句话让欣怡气得不行。她想质问纪泽为什么找碴，却又担心坐实了自己"欺负"纪泽的"罪名"，只能忍气吞声，不再追究。

敏感脆弱的玻璃心：自恋者的第四副面孔

傲慢自大、容易激怒、喜欢表现的自恋者，其实有一颗玻璃心。就算是看起来很夸张、很外向的自恋者，也有敏感脆弱的一面，容易被环境中的负面信息所打击。这就是心理学上常讲的"自恋脆弱"。我们前面介绍的自恋暴怒，就是自恋脆弱被触发之后的外显反应。自恋者靠攻击别人来掩饰内心受伤的感觉，转移自我怀疑的痛苦。通常做出这种反应的，属于显性自恋者，又称浮夸型自恋，或者形象地称为"厚皮自恋"。

而欣怡所遇到的纪泽，属于自恋者中一个容易被忽视的亚型——隐性自恋者，又称脆弱型自恋，或形象地称为"薄皮自恋"。他们跟人们所熟悉的咋咋呼呼的显性自恋者不一样，外表看来那么谦逊、低调，甚至是"社恐"，但是他们内心对自己的评价同样远远超过现实，只是因为性格软弱，不善表达，才隐藏起内心的锋芒，以受害者自居。欣怡因为同情纪泽的"不幸"，而逐渐走近他，这是隐性自恋者吸引伴侣的典型过程。

隐性自恋者的日常处于一种很"丧"的状态。他们经常情绪低落、阴郁、沮丧、怨恨，郁郁寡欢，不喜欢社交。因为在人群中，他们的自恋脆弱更容易被激活。在他们看来，自己的身份、地位、能力，并没有得到周围人充分的承认、重视、尊重。他们渴望得到承认，又害怕受到打击，这种内在冲突让他们内心充满焦虑。

比如，下面这个案例，就是隐性自恋者真实的内心世界，也是我们不容易看到的另一面。

艾伦刚上大学几个月，就开始备受煎熬。每天他都需要鼓足勇气才能走出宿舍，参加学习和社交。他对别人的评价特别敏感，总会过度解读别人所说的话，觉得受到了嘲讽、针对、排挤。他认为周围的人并没有认识到他的价值，总是给予他较低的评价，忽视他，甚至打击他。这让他抑郁、焦虑，夜夜难以入眠。他去看过心理科，服用过抗焦虑的药物，然而仍然无济于事。他认为世界是不友好的，充满危险和威胁。

另一方面，他又认为自己并不自卑、难以相处。相反，他认为自己"十分自信""爱自己""为人宽容""总是能原谅别人的冒犯"。他与周围人产生冲突的原因，在于他身边有很多蠢人和烂人。蠢人不能理解他的独特之处，烂人则总想打击他。

在外人看来，这两种描述其实是自相矛盾的，然而艾伦自己看不到这一点。

"被动攻击"：隐性自恋者的武器

很明显，艾伦的认知、情绪、行为已经形成固定的模式。虽然这种模式已经给他的生活带来很多困难，但是他仍不得不这么做。只有这样做，才能让他获得片刻安宁。他无法面对来自外界的负面信息，尽管在大多数人看来，这些信息并不那么负面，甚至可以说是中性的。但是艾伦的脆弱、敏感承受不了轻微的质疑、嘲讽。他不能总是跟别人开战，所以内心就更加焦躁不安。

隐性自恋者到精神、心理科求助，通常是因为常年难以治愈的焦虑、抑郁状态。他也会经常抱怨自己遭遇欺凌、侮辱，以及不公正的待遇。因为自恋脆弱，他对普通人可以承受的、轻微的社交冲突也异常敏感。

隐性自恋者并不是"优雅""素质高""彬彬有礼""隐藏得深"的自恋者，而是脆弱、沮丧、孤傲、社交回避、喜欢抱怨的人。他难以像显性自恋者那样主动出击，经常会使用"被动攻击"的方式，来发泄内心的怒火。比如，拖延，不配合，故意把事情搞砸，惹火别人。当你对他表示不满，他就会表现得很委屈、很受伤，让你处于加害者的地位，夸大自己受到的委屈。所谓"被动攻击"，就是引诱别人攻击自己，自己好占领道德高地，指责对方，逃避责任。

被动攻击的受害者，发现自己被推到"恶人"的地位，会忍不住辩解、质问他。在外人看来，受害者倒像是个气势汹汹、攻击别人的人。实际上，眼前这一幕，正是被动攻击者最期望出现的局面。

像欣怡和纪泽的关系就是这样。本来是纪泽小题大做，破坏同事关系，但是纪泽不想承担责任，在私下里继续找碴，引诱欣怡批评自己，然后再给欣怡扣上"挑起事端""爱欺负人"的帽子。欣怡若是不想被指责，只能不再追究，放任他做恶劣的事。这就是被动攻击能够拿捏他人的原理。

如何应对被动攻击

如果被动攻击这个词让你想起身边某个特定的人，那么你很可能已经处于自恋型关系中，并且受到他的伤害。你可以做下面这些事来帮助自己。

1. 重新评估你们的关系

你们因为什么在一起？你想在你们的关系里得到什么？你们相处的真实状态是怎么样的？你的真实感受是什么？你要试着抛开他的视角，独立判断这件事。你可以向相熟的朋友征询他对你们关系的看法；也可以通过写日记的方式，梳理自己的想法；还可以求助专业人士，获得更多帮助和支持。

2. 指出事实而不是反戈一击

你要知道，被动攻击者最想要的就是激怒你，所以，不要上他的当。你可以指出事实的真相和他需要承担的责任，而不是指责他的故意捣乱。比如，对比以下两种情形。

（1）"你为什么不早一点说？到了这个时候再抱怨不想出门，你是不是故意的？"他会说："你太强势，总是替我做决定，我没办法表达意见。"这是不符合事实的，你事前问过他要不要一起去，而他默许了。

（2）"你有 12 个小时准备出行的装备，如果你不想去旅游，你可以在我订票前告诉我，我就不会订你的票了。"然后不再讨论他新挑起的话题，如果可能，就离开一会儿。

很显然，第二种做法会帮你避免陷入被动攻击的纠缠。

3. 拒绝情绪勒索

如果有人以负面情绪勒索你，试图将你推到加害者的位置上，你完全可以忽视掉这种暗含陷阱的表达。有人习惯于照顾别人的情绪，遇到有人抱怨就觉得有义务回应对方，这正是被动攻击者绑架别人的突破口。你需要有所觉察，别再用愧疚折磨自己。

"你不知道他哪一句话是真的"：自恋者为什么爱撒谎

你遇到过满嘴谎言的人吗？甚至他在毫无必要的事情上也要撒谎，说起假话来连眼都不眨一下，很多人都被他骗过。直到很久以后，把他说过的话串联起来，才发现漏洞百出。你知道吗？说谎成性也是一种典型的自恋症状。

晶晶跟她老公相差十几岁。他们是通过网络认识的，那时她大学还没毕业，还没有什么正儿八经的恋爱经历。中年男人的阅历、沧桑、生活经验，在晶晶眼中就是一种独特的魅力。

老公性格很强势，在家里说一不二。晶晶反抗过，但中年男人的手腕让她很快臣服了。她说服自己，男人强势一些，可以更好地保护家庭，带给她安全感。谁知道，后来发生的事情，却让她失望了。

他交游广阔，经常带晶晶出去应酬。中年男人的社交圈复杂得让她眼花缭乱。她被老公介绍给形形色色的人，记下他讲述的他们的交情，他们的职业、性格，乃至品行。她一厢情愿地相信老公的说法，因为除此之外她没有办法厘清他的过去。有人用意味深长的眼光看着她，有人很认真地称她为"嫂子"。她把这些都理解为：

她的老公很厉害，在朋友圈里威望很高。

她发现，老公经常和别人发生矛盾，在电话里吵架，有时甚至还会有人找上门来，他们在客厅里吵，吵架的原因大多数跟钱有关。晶晶不敢打听原委，因为有一次她这样做，却被老公大声斥责："你嫌我没钱，现在就可以走！"她不愿被看作爱钱的虚荣女人，只能乖乖闭嘴。她接受了老公的说法：他之所以没什么积蓄，是因为为人慷慨仗义，经常资助朋友，搞得自己手里没钱；还因为被朋友欺骗，投资失败，血本无归。总之，总是有迫不得已的原因。她不愿意深究，因为要想清楚所有事，真的太累了。

然而，谎言终究会暴露，两个人生活在一起，总会有蛛丝马迹落在晶晶眼里。她开始有了怀疑，为什么结婚这么多年，他的事业总是没有起色？小十几岁的她，竟然成了家里的经济支柱。她不敢抱怨，因为她不想被看作嫌贫爱富的势利女人。她只能拼命工作，支撑这个家。

经常性的应酬，也让晶晶难以忍受。老公当着许多人的面讲那些有的没的经历，让她很尴尬。她变得越来越沉默寡言，不再帮老公圆谎、撑场面。她发现，他的那些"朋友"似乎也不关心真相。

天长日久，他们有了共同的"朋友"。她渐渐发现，别人口中的他，竟然和自己所以为的有很大不同。她的意志开始动摇，对他的人品产生了怀疑。直到有一天，她帮老公修计算机，发现了一些隐藏的聊天记录。记录中的他，完全是另一副面目：自私、残忍、霸道、粗俗、蛮不讲理……这个和自己一起生活了好几年的男人，竟然是一个陌生人！她不知道他还有多少秘密瞒着自己。

那段时间，她吃不好睡不好，晚上总做噩梦。在亲友的鼓励下，她终于下决心离开这个男人。

病态的撒谎者：自恋者的第五副面孔

晶晶痛苦地意识到：她曾经如此信任、为之付出全部的老公，竟然是一名恶性自恋者。他用谎言构筑了身边的世界，保护他自己，却任由别人受到欺骗、伤害。

恶性自恋，又称病理性自恋，也是自恋者中社会功能受损最严重的一种，甚至带有反社会倾向。晶晶的老公长期没有正经工作，经济困顿，人际关系紧张，这些都是人格障碍造成的。最让晶晶无法忍受的，就是不知道他嘴里哪一句是真话，哪一句是假话，他简直就是一个病态的撒谎者，离开谎言就无法生活。晶晶现在回想起他说过的话，到处自相矛盾，漏洞百出。细想下去，简直会令人崩溃，让人觉得自己生活在一个不真实的世界里。

对于普通人来说，真实是有益的。它会带来彼此的信任，让人感觉踏实、放松，更容易构建健康的人际关系。然而对于自恋者来说，真实是一种威胁，会让他暴露在羞辱中。相比之下，谎言就是一种保护。

普通人之间发生矛盾，会通过坦诚交流、真诚道歉以及积极的行动来获得对方谅解。而对自恋者来说，道歉则意味着自我否定，承认自己不如人、没有价值，这是万万不能接受的。所以他宁肯用谎言来掩饰错误，换取暂时的信任，维持布满裂痕的关系，直到被欺瞒的人彻底失去信任，决定离开。谎言极大地伤害了自恋者的人际关系，让他的生活充满了各种意料之中的破裂、分手。

很多人感到疑惑，自恋者何以会在无关紧要的事情上撒谎？他知道自己在欺骗别人吗？答案是：知道，也不知道。

自恋者谎言的几种类型

1. 否定事实的谎言

出轨的人会对自己的伴侣撒谎，明明在跟别人约会，却说自己在加班或者跟朋友聚餐，还要朋友帮他打掩护。这种情况下，他是知道自己撒谎的。但是，承认自己的恶劣行为会让他面临伴侣的谴责，伴侣可能会要求离婚和分割财产。为了避免损失，他选择嘴硬到底。这些都是意识层面的活动，他故意撒谎以保护自己。

如果你坚持与他对质这种谎言，自恋者的反应会非常激烈。他大声吼叫，面红耳赤，坚决否认，甚至会一走了之，拒绝沟通，永远不再谈这个话题。这给人一种错觉，好像你真的冤枉了他。然而，这种反应是不正常的。普通人面对被人误解，会首先澄清事实，因为这才是最重要的。而自恋者大发雷霆只是为了掩盖事实，逃避责任。

2. 只说对自己有利的部分

这同样属于有意识的撒谎。自恋者很清楚，一旦自己伤害他人的事实被揭露，他就会处于很不利的地位。为了脱身，他会有选择性地说出有利于他的部分事实，或对事实进行故意剪裁、编排，强加因果，让人觉得揭露他的人做错了什么，他也是受害者。然而这件事整体是恶劣的、伤害性的。自恋者故意搅浑水，凭空制造了一种各说各理的混乱场面，给自己争取到脱身的机会。比如，"我没有和那个女人在外租房同居，我们并不是情人关系，我没有故意伤害你。"完整的事实是：他和第三者在宾馆约会，他们暗地里来往。他的行为就是在伤害伴侣，他的狡辩就是在混淆事实、逃避责任。

3. 经过粉饰的假象

这种谎言通常出现在自恋者的吹嘘和狡辩中，他对自己的经历、业绩一厢情愿地夸大，或者将自己所做的坏事抹去，在自己头脑中虚构有利于自己的事实，也就是俗称的自欺欺人。如果你揭穿这种谎言，他会坚定地否认，因为他心里的"真相"已经被他修改过了，但是不会像故意撒谎时那么恼羞成怒。

精神分析心理学认为，当人们在感到焦虑、受威胁时会下意识地使用防御手段，让自己感到安全。每个人都会使用防御手段，只不过有的防御手段比较成熟，有的防御手段比较原始。而粉饰就是一种相对原始的防御手段，通过篡改事实，让自己避免威胁。比如，小孩子打碎了花瓶，害怕父母责备，就口出谎言，"我没有打碎花瓶，花瓶是被风吹倒的""花瓶本身就是坏的，它在我手里爆炸了"。这就是一种典型的粉饰性防御。

如何对待自恋者的谎言

1. 保持对常识的直觉

网络上有不少教人辨别谎言的技巧，然而这些技巧对识别自恋者的谎言并不太管用，因为他们撒谎成性，撒谎时甚至比别人说真话都要真诚。在这种情况下，保持对常识的直觉，可以让我们和自恋者的欺骗保持距离。在常识面前，谎言是不堪一击的。一个人不可能在所有事情上都是对的，一个负责任的人不会急于证明他的伴侣是疯子，一个人不能一边残忍地对待家人一边说自己是顾家的好男人。

与自恋者长期生活在一起，人的判断能力必然受到干扰，甚至会陷入自我怀疑的泥潭。这个时候，保持对常识的直觉，信任自己的感受，就显得格外重要。自恋者一再让你相信你的感觉是靠不住的，要用他的判断覆盖你的认知。而你的感受是不会对你撒谎的，这个人是不是真的对你好，他的行为是不是有利于你，你的直觉都会告诉你。很多时候，幸存者能够从自恋关系的迷雾中清醒过来，靠的就是宝贵的直觉。

2. 让他明白你的态度

与其纠缠是非对错，不如直接表明态度，让他知道你允许什么、不允许什么、他会因此失去什么。你可以语气坚定地这么说，然后结束讨论：

"我知道你做了什么，你这是在伤害我对你的信任。""在彼此忠诚上撒谎，是我不能原谅的。""你现在的态度非常恶劣，你这是在破坏我们的关系。""你严重伤害了我，我在考虑结束我们的关系。"

你要意识到他的本性不会改变，但会因为害怕失去你而有所收敛。

3. 认真考虑结束这段关系

放弃一个无可救药的撒谎者，是你的正当权利。结束关系，就会结束无休止的欺骗、伤害，你就有机会跟诚实善良的人建立新的关系。

"你们都要为我服务"：自恋者喜欢剥削别人

你有没有遇到过这种人：他支使起别人来特别自然，好像别人天然就该为他服务。你跟他深入交往，就会不知不觉成为他的服务员，事事围着他转，而你的事情永远没他的重要。你冷静下来仔细想，你们认识以来，一直都是他在占便宜。原本属于你的东西，不知不觉间都成了他的。这种喜欢剥削别人的做法，也是自恋者的一种典型表现。

晶晶回想起与前夫相处的那段时光，常常感到不可思议。她比他小那么多，却是家里的经济支柱。不但如此，她还必须包揽一切家务，把他伺候得舒舒服服。她为他打理所有琐碎的事务，因为他不耐烦做这些事，总是抱怨、发脾气。他给晶晶灌输的理念就是：他是个特殊的大人物，他的智慧理应用在更重要的事情上，这种无聊的琐事，是像晶晶这样的普通人做的。如果她略有迟疑，服务不周，他就会抱怨、讥讽、发脾气，用尽各种方式迫使她就范。

"有时候我觉得，我就像是他的妈妈，却没有得到母亲应有的尊重，替他拿着奶瓶、尿布，打理他的全部生活。他一不满意就大哭大闹，折腾得你什么也干不成。"她是他的司机、保姆、秘书，她照顾他的生活，满足他的需求，哄他高兴。他使唤她，就像使唤自己的手脚一样。

有一次他出门在外，忽然在半夜里打来电话，让她连夜赶到一百多公里外去接他，全然不顾此时正是冬天，路上还下着大雪。因为和当地接洽的人闹矛盾，他要连夜离开，而他又喝了酒开不了车。

还有一次她开车送他回家，因为在路口迟疑，错过转弯的机会。他大吼大叫，怪她车技不灵。他嫌累，不想自己开车，但认为她理应像他那样把车开得又稳又快又安全，不让他有任何不便。

他们在一起的后几年，晶晶出现很多身体症状。她失眠、脱发、呕吐，出现皮疹，甚至莫名其妙地摔跤。她觉得自己的健康出了大问题。

欣怡和纪泽在一起的时候，也遇到过这样的问题。纪泽非常担心自己的健康，有一点风吹草动就要去医院。欣怡就成了他的义务司机。有时候时间太晚了，纪泽还非要看急诊。欣怡本不想去，但是禁不住他一会儿一个电话，跟她探讨自己的病情。欣怡也不想他抱怨自己不关心他，只能次次陪他折腾。结果到了医院，医生又说没什么事，就是劳累或焦虑，休息休息就好。

欣怡觉得，因为她的好脾气，他习惯于依赖她。有时候，他跟同事闹不愉快，她还要负责帮着沟通解释。他经常心情不好，到了周末、节假日懒得出门，如果欣怡不帮他订餐，他就会饿上一整天。

肖潇的上司是个动手能力很差的人，喜欢把下属支使得团团转。只要他想起什么来，就会不停地发指令，很多事情根本是没必要的。比如，重新摆放办公家具、绿植，整理陈年的资料，贴上醒目的标签，尽管这些资料他根本不会看。他会在半夜里给下属打电话、发微信，安排一些无关紧要的事。谁跟他出门办事，就会提前准备好许多无用的杂物，以备他不时之需。他曾经因为下属给他准备的便签纸不合适，让下属跑到他指定的商店去买，结果那家商店早就关门了。

利用他人的寄生虫：自恋者的第六副面孔

自恋者的自我中心和缺少边界感，让他们很难看到别人的完整面貌。他只了解别人出现在他身边的样子，以及他们能为自己做什么事。他们离开自己之后，在想些什么、关心些什么，在做些什么，他并不关心，也没有一个完整的概念。他会想当然地把自己的愿望当成别人的愿望，认为别人喜欢为他做事。在他心目中，一个人的价值就在于他在多大程度上能为我所用。

他工具化地看待别人，理所当然地支使别人，不会觉得有任何不妥。如果他想要你做什么，或者要你手里的东西，他会用噘嘴、生闷气、发牢骚、扮可怜、情感勒索……种种手段来达到目的。自恋者最理想的状态就是周围人对他有求必应。就像是婴儿和母亲的关系一样，婴儿用哭闹来控制母亲为他服务，而一个成年的自恋者，会用的手段就更多了。

自恋者习惯把别人看作实现自己意志的工具。他是那个高瞻远瞩、聪明高贵的大脑，别人是指哪打哪的工具，是他身体的一部分。从这个角度，你就能够理解自恋暴怒的某些情境正是自恋者的工具或手脚失灵的状态。他从根本上并不尊重别人的独立性。当你和他走得较近，他就会下意识对你呼来喝去，让你为他服务。这对有着清晰边界感的人来说是不可思议的，但是自恋者会驯服身边的人，形成一个以自己为中心的小圈子。他是意志和权力的化身，别人是功能化的存在。

寄生性对人际关系的危害有哪些

1. 剥削他人

自恋者通常不耐烦做具体事务，这会导致他动手能力很差，生活上更多依赖别人。在家庭中，他会要求家人以自己为中心，忽视家人的需求，让自己得到最大的便利。他会夸大自己对家庭的重要性，贬低他人的贡献，粗暴地干涉他人的决定，在情感上剥削他人。自恋型的伴侣或父母，还会在经济上剥削他人。

亲密关系里的剥削、压榨，会严重损害人的自尊心和自主性。这是自恋型关系的典型特征，也是自恋虐待的一种显性表现。承受伴侣的剥削，会让人变得自卑、抑郁，生活缺少希望，职业发展遇到阻碍，因为自恋者只关心自己的便利，并不关心伴侣的成长，伴侣因为照顾他而影响工作，他是不在意的，甚至还会故意给伴侣捣乱，让伴侣更多陪伴自己。

很多在充满剥削的家庭里长大的人，更能忍耐剥削性的伴侣，在脱离自恋型关系上面临更多困难。

2. 难以合作

有些自恋者很难做具体工作，因为工作的过程需要耐心细致，解决各种具体的问题，与团队成员密切合作。但是自恋者对工作带来的荣誉需求很强，工作过程中的波折会让他感到沮丧、挫败，威胁到他们的自尊心。工作中出现问题，他会习惯性责怪他人，推脱责任，导致团队效率降低。

有的自恋者会玩弄心机，剥削同事，挑拨是非，这也会危害团队的团结。

什么样的人容易被剥削

1. 害怕冲突、容易妥协的人

人与人之间无法完全避免冲突。很多冲突得到平息，是因为有人做出妥协。这样的人可能曾经生活在充满冲突的家庭中，对于冲突造成的破坏心有余悸，更容易为了避免冲突而妥协。

2. 父母强势的人

亲子关系是亲密关系的原型。强势而尽责的父母，可以带给孩子庇护，但也会提高孩子忍耐不公的阈值。伴侣的强势与自我中心，容易让人联想起父母带来的安全感。人们总是在深受自恋者的剥削、虐待之后，才对自恋型关系的伤害性后知后觉。

3. 对关系有较高期待的人

有人因为父母的婚姻不幸福，更希望自己的婚姻圆满。他们不是没有发现伴侣的问题，但是为了让关系不致破裂，他们愿意付出更大的努力。自恋者会利用这一点来为自己牟利。

4. 内心敏感、介意负面评价的人

自恋者为了操纵一个人，甚至可以编造理由来指责他。如果别人的负面评价让你觉得委屈、不甘，那么自恋者很可能借此利用你。

如何应对你生活中的"寄生虫"

1. 觉察自己照料他人的动机

如果你觉得自己在婚姻中总是被忽视、利用、剥削，不被尊重，感觉婚姻很沉重，没有希望，那么你需要觉察自己照料伴侣的动机：是单纯出于对他的关心、疼爱，希望他有更多时间干事业，还是他含糊不清的态度让你害怕婚姻破裂的结果？抑或他暴躁的脾气让你不得不妥协？

发现自己的真正动机，才能在以后的关系中拥有更强的自主性。

2. 允许自己响应不及时

你需要意识到一个现实：你响应得越及时，自恋者就越会觉得你好用。他会更频繁地提出要求，占据你的时间，突破你的底线。所以你如果不想忍受他的抱怨，只能不停地围着他转，没有一点自己的时间。如果你能做到对他的呼喝、支使充耳不闻，哪怕只是响应延迟一点时间，效果上打一些折扣，你也能为自己争取到更多的自由。自恋者不会继续使唤那些使唤不动的人。

3. 拥有一份能养活自己的工作

经济独立会带给女性更多自信，让你无须看人脸色。职场的见识和锻炼，也会开阔你的视野，让你学会更多人际沟通的技巧。更重要的是，工作能给你一份宝贵的社会支持。要记住，女性的退路不是家庭，而是自己。

夫妻之间的经济平等是非常重要的。一个家庭有明确的收支准则，对双方都有利。

4. 修复自己的边界

好的亲密关系会有助于人的成长，而不是让人彼此拖累。更好的亲密需要"有间"，也就是缓冲的空间。面对一名剥削型的伴侣，你更需要有清晰的边界，知道无底线的妥协并不会换来对方的尊重，只会让其变本加厉。

你要学会拒绝不合理的要求，不被他的情绪操控。对他说"这是你的事，你可以自己做"，然后走开。你要知道，承受情绪压力是你修复边界的代价。你不是他抱怨的那种冷酷、残忍、自私的人，你只是更尊重你自己。

到底哪一个才是真实的他

我们生活中有一种人，在外人和家人眼中的形象差别特别大。他特别喜欢在外人面前立各种"高大上"的人设，风评极好；回到家里，却换了另一副面孔。这种现象也是自恋者的典型特征之一。

珊珊差一点就和俊杰结婚了，但是她不后悔和俊杰分手。

在外人眼里，俊杰名校毕业，在大企业做高管，年薪百万，前途无量。在公众场合，他总是那么彬彬有礼、举止得体，一股当仁不让的年轻才俊的气势，让人无法忽视他。新入职的年轻同事，大多成了他的"迷弟""迷妹"。

只有珊珊自己清楚，跟俊杰在一起的感觉是多么难熬。私底下的他冷漠、粗暴、挑剔、无聊，简直跟外人眼里的他判若两人。除了工作和应酬，他就没什么兴趣爱好。在外人面前谈笑风生，回到家里就阴沉着脸，没什么话说。珊珊原本是个活泼开朗的女孩，爱好颇多，经常和闺蜜、同事结伴出游。但是俊杰看不上这些事情，说珊珊"小资""矫情"，说她那些朋友轻浮、没素质。与其跟她们在一起消磨时间，还不如看书学习，提高一下专业能力。跟自己在一起，要一直保持优秀才行。

　　珊珊的工作收入不低，并不需要依赖俊杰。但是她性格温柔，脾气很好，俊杰要求她上进，她也不好反驳，只能慢慢减少外出，多陪伴俊杰。俊杰嘴上说要珊珊读书学习，可是两人在一起的时候，又让她干这干那。光是为了照顾俊杰，珊珊就忙得够呛，哪里还有时间读书学习？

　　一次，两人结伴出游，照例是珊珊负责打理一切，俊杰只负责皱着眉头审视、评判。珊珊不希望总是被挑毛病，所以非常认真地计划每项事务。可是，一家预订好的酒店临时取消了他们的预订，他们只能临时再找酒店。俊杰当即火冒三丈，在酒店大堂里就大发脾气，把周围的客人都吓了一跳。坐了半天飞机，珊珊也很累，但是俊杰却只顾自己，不帮忙不说，连一句体贴理解的话都没有。珊珊一边打电话找酒店，一边忍受着俊杰的"狂轰滥炸"。等她好不容易找到一家有床位的酒店，俊杰却已经坐上旅行团的大巴车，出发去了景点，留下珊珊看着一堆行李，止不住地抹眼泪。

　　珊珊给俊杰打电话，俊杰半天才接，只说了一句"我不喜欢改变计划"就挂断了。珊珊拖着大包小裹去新酒店办入住手续，再想法联系旅行社的司机，估算俊杰可能的落脚地，赶去和他会合。旅途奔波，饮食又不合胃口，珊珊强忍着身体的不适，心情糟糕透了。

　　好不容易见到俊杰，远远地只见他正为一队游客介绍历史典故，那么兴致勃勃、神采飞扬，好像什么事都没有发生一样。

　　回到两人工作生活的城市，珊珊投入繁忙的工作，没有主动联系俊杰。正好那段时间公司的工作出了点问题，珊珊忙着处理问题，心里想着过几天跟俊杰好好沟通一下。没想到，等珊珊主动联系俊杰时，却发现自己被他拉黑了。两人都相识的朋友发来朋友圈截图，什么"女人要认清自己"，什么"不能惯着娇小姐的臭脾气"，什么"有人就是需要弄清自己的定位"……珊珊欲哭无泪，也无力解释，两人的关系就这样不明不白地中断了。

表里不一的两面派：自恋者的第七副面孔

人们对自恋者的评价是两极分化的。在不同人的眼中，自恋者可能有不同的面目，反差极大。如果自恋者所认识的人聚在一起谈论他，可能会感到困惑：他们讲的好像不是同一个人。

在外边，他是热情慷慨、乐于助人、朋友很多的热心肠；回到家里，他是冷漠、厌烦、苛刻的冷血动物。

在外边，他热情洋溢，幽默风趣，妙语连珠；回到家里，他就阴沉着脸，言语乏味，枯燥无趣。

在外边，他谦和低调，任劳任怨；回到家里，他就什么都懒得干，揣着手挑别人的毛病。

在外边，他彬彬有礼，处事周全；回到家里，他就对家人挑三拣四，呼来喝去。

他把所有的光鲜亮丽都给了外面的世界，却留给家人一地鸡毛。默默陪伴、支持他的家人，就像生活在阳光照不到的地方，耳朵里灌满外人的夸赞，却要时刻对这位"大人物"陪着小心。

家里家外两重天，自恋者的公众形象和他的私人形象呈现着巨大的反差，就像戴上两副截然不同的面具，白天晚上来回切换。

内外有别是表象，欺软怕硬才是实质

对此，自恋者可能会解释说，外边的世界竞争那么厉害，不表现好一点怎么出人头地？怎么让家人过上好日子？家里是放松和休息的地方，总绷那么紧身体会出问题。

然而，家人也一样在外边工作和学习，一样承受压力，他们也需要得到安慰和鼓励。为什么家里只有一个人能彻底放松，无所顾忌，而其他人就得小心翼翼，殷勤服侍呢？

所以，内外有别只是表象，实质就是：这个家里有人在搞特殊。只有他有权力"释放真我"，其他人只能看他的脸色，优先满足他的需要。自恋者有很强烈的特权感，觉得自己和别人不一样，理应在关系中占据高位。在以自恋者为中心的关系中，人们对自恋者一再忍让，才能让他有这样大的空间来放松，而无须考虑他人的感受、需要。也就是说，自恋者只有在熟悉的、亲密的圈子里才能受到如此优待。

相比之下，外面的世界是陌生的、多元的，也是不稳定的、充满变化的，权力关系并不像自恋者的私人圈子那么稳定。自恋者没有能力，也没有办法让外面的世界围着他转，所以，他只能小心地包装自己，维持良好的外部形象。多年的经验让他知道，外边没有那么多人买他的账，没有一个良好的外在形象，他就无法得到更多信任、友情、工作机会、金钱报酬。只有在他身边的小圈子里，他才能得到更多的自由——支配他人，享受他人的照顾，而无须对等付出。

所以，自恋者家里家外两重天的巨大反差，内里包含着欺软怕硬的心态。

长期生活在强势的自恋者身边，以为他真的很强，可以照顾和保护家人，这是自恋型关系给人带来的假象。等你有机会见到他对外人的谦卑、周到、谨慎、畏惧，才会意识到你们的关系中包含的不平等。

自恋者光鲜的一面只属于他自己

珊珊和俊杰分手之后，母亲并不理解。她跟珊珊絮絮叨叨："你都三十岁了，这么好的对象抓不住，还想找什么样的？男人工作压力大，脾气大一点有什么？忍一忍就过去了。"

因为工作的变动，收入下降，珊珊退掉了出租房，跟父母生活在一起。这样的唠叨让珊珊不胜其烦。

他们分手不到半年，珊珊就听到俊杰订婚的消息。俊杰在朋友圈炫耀给未婚妻买的钻戒，说那才是配得上他的理想妻子，温柔漂亮，对他百依百顺。母亲听说这件事，在家唉声叹气："当初你忍一忍，今天戴戒指的就是你了。"

有那么一瞬间，珊珊也产生了动摇，觉得自己是不是错过了良缘。然而，回想起恋爱这三年遭的罪，珊珊又觉得很后怕。

俊杰的脾气阴晴不定，陪在他身边让珊珊胆战心惊，几乎想不起有过快乐的时光。俊杰收入是很高，但他对身边人却很吝啬，总怀疑别人算计他的钱。为了避嫌，珊珊一直坚持 AA 制。逢年过节、生日纪念日，也是珊珊主动给俊杰买贵重礼品。而俊杰偶尔送珊珊礼物，却要念叨好久——多么难买，多么贵重，多么珍稀，让珊珊总觉得受之有愧。

不管怎样，人终究要做出抉择。

你选择跟一个人共度一生，就是跟他整个人生活在一起，包括那些光鲜亮丽，也包括那些琐碎不堪。自恋者是独占欲、控制欲都很强的人，他不会因为你对他的妥协而改变。相反，你的软弱只会纵容他对你的忽视。也就是说，即使珊珊做到母亲所说的"忍一忍"，俊杰也不会更尊重、更在意珊珊。在自恋型关系里，大多数的尊严、荣耀、满足都是留给自恋者的，你只能在他的阴影里挣扎求生。

网络上流传的一句话很扎心："男人的钱是给女人看的，不是给女人用的。"你要是因为他闪闪发光的那一面而心动，你就必须承担他不愿面对、无力承担的阴暗面，让自己变成他生活里的配角。

你知道吗？你本来有机会主导自己的人生，那些你羡慕的东西，自己也可以拥有。

珊珊的故事还有后续。转过年来，珊珊找到了新工作，事业渐有起色，心情也逐渐平复。而一向风光无限的俊杰却遭遇降薪，未婚妻也与他分手了。

你应该了解的冷知识：什么是自恋型人格障碍

在这里我要普及一个观点：不好沟通并不是一件小事，也不是提高沟通技巧就能解决的。有的人可能打心眼里就不想跟人好好沟通。他不尊重别人，总想利用别人。你要跟这样的人沟通良好、相处和谐，除了自己让步、吃亏，还有什么办法呢？人格上有问题的人，注定无法与人好好相处。

下面这些条目，是美国 DSM（《精神障碍诊断与统计手册》）诊断系统对自恋型人格障碍给出的诊断标准。

（1）对批评的反应是愤怒、羞愧或感到耻辱（尽管不一定当即表露出来）。

（2）喜欢支使他人，要他人为自己服务。

（3）过分自高自大，对自己的才能夸大其词，希望受人特别关注。

（4）坚信他关注的问题是世上独有的，只能被某些特殊的人物了解。

（5）对无限的成功、权力、荣誉、美丽或理想爱情有非分的幻想。

（6）认为自己应享有他人没有的特权。

（7）渴望持久的关注与赞美。

（8）缺乏同情心。

（9）有很强的嫉妒心。

（10）亲密关系（婚姻关系、亲子关系等）困难。

只要出现其中的五项，即可诊断为自恋型人格障碍，简称 NPD，即英文 narcissistic personality disorder 的简称。

自恋（narcissism）这个词源于有关水仙花（narcissus）的希腊神话。纳西索斯是希腊神话中最俊美的男子，有一天他在水中发现了自己的影子，却不知那就是他本人，爱慕不已，难以自拔，终于有一天他赴水求欢，溺水而亡。众神出于同情，让他死后化为水仙花。

这个词形象地反映出自恋者的核心问题：不爱别人，只爱自己。

所以，你现在可以理解为什么跟有些人相处起来那么困难了，这根本就不是你的问题。

第 **2** 章

从溺爱到虐待：
自恋者是怎么养成的

人格又称个性，是个人带有倾向性的、本质的、比较稳定的心理特征的总和，比如兴趣、爱好、能力、气质、性格等。

　　而人格障碍，就是一种适应不良的人格结构。一个人的情感表达、观念志趣、行为方式偏离常轨，总是给他人造成困扰，给自己带来困难、痛苦，然而他又不由自主地一定要这么做，这就是人格障碍。

　　人格的形成受到遗传因素、个人气质、养育环境和社会文化的综合影响。人格障碍的成因也和这几个因素密切相关。有研究认为，人格障碍者在生理遗传、脑神经发育方面存在问题。不过，在这本书里我们重点探讨的是自恋者的养育环境。

　　综合来看，自恋者过度追求优越感，喜欢利用和控制别人，虚荣，嫉妒，易怒，自私，冷漠，羞耻感强……种种僵化的适应模式，与他们不健康的家庭环境有很大关系。

"你是妈妈的英雄"：自恋者为什么那么爱吹牛

你也许会感到好奇，自恋者为什么那么爱吹牛，总觉得自己是了不得的大人物？他为什么就不能接受自己只是一个普通人呢？

庄臣的父亲文化不高，脾气暴躁，但他努力工作，让家人过上了好日子，他为此感到自豪。他跟子女共处的时间不多，管教方法简单粗暴，缺乏耐心。庄臣畏惧父亲，和他情感疏远。

在家庭中，他最亲近的是母亲。庄臣提起母亲的时候，总是带着不自觉的崇拜。他说母亲出身世家，美丽又有修养。母亲能嫁给父亲，等于是下嫁。直到父亲通过努力奋斗，获得更高职位时，母亲才松了一口气，觉得自己终于可以在亲友面前扬眉吐气了。

丈夫工作忙碌，性格粗线条，心性高傲的母亲在婚姻里颇感失落。等到长子庄臣渐渐长大，母亲便把更多注意力投放在庄臣身上。小时候的庄臣长相清秀，反应敏捷，被母亲寄予厚望。她向他讲述自己家族的辉煌历史和那些帝王将相青史留名的故事，并对小庄臣偶尔的惊人之语反应热烈，认为是胸怀大志、必成大器的预兆。

"男人就是要做人上人""我的儿子是个人物"，这是庄臣从小在母亲那里得到的暗示。

庄臣小时候，家庭并不富裕，但是为了培养儿子，母亲在各方面都更偏向庄臣，而不是他的妹妹。她告诉女儿："你哥哥是要做大事的，不要让他养成小里小气的习惯，这会让人看不起。"他不用做家务，优先添置生活用品，兄妹发生矛盾，母亲也总是偏向哥哥，这让庄臣越发觉得自己是家里的特殊人物，因为他受到家里地位最高的人——母亲的重视。

庄臣10来岁的时候，全家随父亲搬到北京。庄臣个子不高，身材瘦弱，说话有口音，受到同龄孩子的歧视。母亲为他买的新衣服、新自行车让他在同伴中有面子。

他喜欢读书，母亲就为他买书。书里的帝王将相是他心目中的英雄，经天纬地，运筹帷幄，指点江山，叱咤风云，精彩的历史故事让他如痴如醉。他把自己想象成书中的人物，补偿在现实中受到的轻视、冷落。他跟小伙伴讲这些故事，滔滔不绝，口若悬河，仿佛一位指点江山的王者。他们听得懵懵懂懂，又佩服无比，他们崇拜的眼神让庄臣十分受用。

然而，他的学习成绩并不理想。学习的枯燥和压力让他厌烦，他没有耐心专注学习，希望直接拥有荣誉。他作弊过几次，侥幸没有被发现。他被母亲介绍给亲友们。这时，父亲的事业已开始渐有起色，那些势利的亲友也变得比以前热情了。一次亲友聚会中，和他差不多大的表兄弟不小心说漏了嘴：庄臣拿回家的成绩比他们年级最高分还要高。

母亲脸色开始变得难看，但还是保持着礼节性的笑容送走亲友。关上门，母亲直接抄起笤帚，朝他劈头盖脸打下去。一向被纵容的庄臣平生第一次遭到母亲的暴打。他一直觉得自己是母亲的宠儿、骄傲，今天才知道差劲的自己让母亲丢脸了。他明白了，只有出头露脸才会得到母亲的赞许。他不后悔自己作弊，但懊恼自己没有满足母亲的期待。

自恋型母亲如何养育孩子

我们分析庄臣的成长经历可以看出，他的母亲也有很明显的自恋特质：虚荣，觉得自己不是凡人，对孩子有不切实际的期待。自恋型的母亲对孩子人格成长有很多负面影响。

1. 既纵容又苛求

自恋的母亲不会事先告诉孩子们什么是得体的行为，培养他们遵守秩序、尊重他人的习惯。她们经常沉醉在自己的世界里，没有注意到孩子已经妨碍了别人。当其他人表示抗议，她们又会严厉地呵斥孩子。孩子不知道自己哪里做得不对，只知道自己让母亲不开心、不喜欢。

自恋的母亲为孩子优秀的学业成绩感到骄傲，把孩子得到的奖励看成自己的荣耀，却看不到孩子为此付出的努力。当孩子遇到困难，想要得到母亲的帮助和支持时，母亲却批评他软弱、不争气，让自己失望。自恋的母亲用空洞的语言夸奖和激励孩子，却不会给他具体的支持。

2. 既奉献又抱怨

很多外人眼里贤惠温柔、体贴入微的母亲，却会用叹息、抱怨、责怪让家人感到羞愧。她花了大量时间在孩子身上，事无巨细地照顾孩子的生活，关心他的学习，过问他的交友。她对孩子熟悉的程度，超过生活中的任何人，把教育孩子当成头等大事。

然而，一旦孩子的表现有一点脱离她的期待，就会唤起她巨大的失望和焦虑。她早已把孩子的生活看成她自己的一部分，而不能接受孩子脱离她的预期，展现出自己的个性。一个人成长的过程就是自主性逐渐增强的过程，他体会到自己的能力，逐渐有了自己的目标，意识到自己与众不同而又受人欢迎，那么他就会充满自信，去努力发展自己。

而这个过程与一位自恋的母亲的需求是冲突的，她希望一切尽在掌握中。自恋的母亲极大地侵入孩子的生活，抑制他自主性的成长，又抱怨孩子不懂感恩。

3. 既忽视又竞争

自恋者的关注点永远在自己身上，别人的内心想法他并不真正关心。当你讲自己的事情，他会觉得不耐烦，露出厌倦和心不在焉的表情。这种过程也会在亲子关系中重复。

自恋的母亲只会看到孩子身上自己喜欢的、带给自己荣耀的东西，而对孩子的兴趣爱好、真实感受并不关心。孩子很需要母亲帮助他看到自己，越小的孩子越是这样。心不在焉的自恋的母亲，可能让孩子在襁褓之中就体会到被忽视的绝望。

当孩子获得荣誉，被人关注的时候，自恋的母亲又忍不住来抢功劳。孩子的成就、努力、快乐是短暂的，到最后话题总是会转换到母亲为他做了什么。当孩子喜欢上什么事情，自恋的母亲要么不闻不问，要么热衷于这件事带来的荣誉。所以，自恋的母亲养育出来的孩子，如果太把母亲的意见当回事，就很难真正热爱和投入一件事。母亲的忽视和竞争，让他的内心变得虚弱、焦躁、厌倦。

4. 既蔑视又嫉妒

对于自恋的母亲来说，孩子永远都不够好。她轻视孩子的成就，看不到他的特长。在她心目中，孩子如果不是闪闪发光，那就是一无是处。一个开朗、有趣的孩子，在他母亲的口中是懒散、愚钝、毫无指望的，这真令人吃惊。被嫌弃，也是孩子经常能体验到的感觉。

然而，如果孩子得到他人的关注、帮助、支持，母亲又会嫉妒。她会接过话题，吹嘘她的孩子从小就资质不凡，而她才是慧眼识珠的第一人，全然忘了就在不久前，她还在用贬低、嫌弃的口吻谈起自己的孩子。她的姿态好像在宣称：孩子是我的，要骂只能是我骂，要夸也只能是我夸。

做自恋的母亲的孩子，你不能不够好，否则无法给她带来荣耀；但你又不能太好，以至于掩盖了她的光芒。母亲的嫉妒让孩子很难去发挥特长，追求心中所爱。若孩子与自恋的母亲的纠缠过深，会妨碍他的终身成长。

父母不需要是完美的

自体心理学认为，理想化父母的失败，是儿童心理独立的重要过程。从崇拜和依赖父母，到信任自己的能力，产生自我认同，是儿童迈出的了不起的一大步。健康和明智的父母，不会追求成为孩子的偶像，而是鼓励孩子做自己。

儿童需要行为的表率，但是做表率和做偶像是不同的。儿童对待表率，有一个理解和认同的过程。他站在自己的立场上思考父母这样做的合理性，总结出一种价值规律，然后当自己处于类似的情境下，用这种价值规律来指导自己的行为，做出自己的选择。可以说，儿童学习表率的过程，是一种自主学习的过程。而且，父母会鼓励他思考，做出正确的选择。

而崇拜者对待偶像，则是不假思索地崇拜，甚至迷信。崇拜者模仿偶像的言语和行为，是为了拥有偶像的权威和力量，用来保护弱小、无知的自己。所以，崇拜者对偶像全盘相信，亦步亦趋。他们之间不存在真正的对话，因为崇拜者缺少独立的人格。

意识到父母是不完美的，对孩子是有益的。然而，自恋的父母却不能放弃被崇拜带来的美好感觉，一直向孩子灌输和夸大自己的美德、能力。面对虚荣、好胜的父母，孩子很难有足够的力量来保持清醒，尝试靠自己解决问题，并为自己能力的增长感到自豪。

从这个角度看，自恋者过分夸大的自我形象，其实是童年时完美父母的投影。牛皮吹得越大，他的内心就越空洞，他就越无法面对心底的不足、软弱和恐惧。自恋特质强的人，大多有个崇拜的对象，寄托自己对强大、完美的向往。殊不知，这却是让他虚弱的绊脚石。在自恋者的成长中，他需要真正的挫败，需要看到并接受自己作为普通人的一面。

为什么总是我的错：摆脱自恋者的操纵

"你不能给我丢脸"：自恋者为什么那么爱面子

你可能会感到奇怪，为什么有些人那么爱面子，为了一点小事就急了，面红耳赤，说出各种尖酸刻薄的话？自恋者不是对自己评价很高吗？为什么有时给人感觉很容易自卑、羞耻呢？

紫宸给人的第一印象就是成绩优秀，是个清北的苗子，尤其是数学和物理，他已经开始自学一部分大学课程。然而，提起在理科竞赛方面的表现，他却开始闪烁其词，似乎极力回避谈这个话题。竞赛是理科尖子生们通往顶尖大学的重要赛道。而且，他的高中成绩并不稳定，偶尔会出现失误。提起这些，他会变得羞愧而自责，丧失信心。他会用负面的话评价自己，"眼高手低""过分膨胀""看不清自己是谁"，通常，这些都是那些焦虑的父母批评孩子才会用到的。他如此熟练地用这些词来检讨自己，就像是在重复在父母面前承认错误的经历。

每次考试前，他都非常焦虑，情绪起落很大，一会儿雄心勃勃，一会儿又自惭形秽。很多老师都觉得，只要他放下心理负担，把他的真实水平发挥出来，就能考上一所不错的大学。但是，父母给他的定位是顶尖名校，他们热切地谈论着名校学生的光辉未来。他不敢想象自己成绩不能让父母满意的时候，父母会是什么表情。

紫宸的父亲对儿子寄予厚望，在孩子教育上投入很大。这种投入不仅是经济上的，更是时间和精力上的。他替他制定学习规划，给他定的目标经常让他觉得吃力。紫宸很小的时候，父亲经常带他去博物馆、科技馆，要求他做下笔记，培养他对数理科技的兴趣。他给他规定了必读书单，定期检查他的阅读情况，要求他做出像样的读书报告。他训练他演讲的能力，纠正他的发音、语气、用词。他陪他踢球、爬山，并不断提高锻炼的强度、难度，以磨炼他的意志。当紫宸流露出畏难情绪，他就大声批评他，命令他坚持下去。

紫宸的父亲在家里很强势，完全主导了孩子的教育，以及家庭的大多数事务。母亲则很软弱，她害怕丈夫，也无力保护儿子，只能帮助儿子努力达到父亲的标准，在他被父亲责备时尽力帮他减轻责罚。

紫宸还不到 18 岁，他看起来身体强壮，表情严肃，眉眼间已经有了父亲的神情，显出一种超过年龄的老成、谨慎。父亲过高的期待、严格的要求和毫不留情的批评，让他背上沉重的精神负担，因而患得患失。

另一位 16 岁的少年这样形容自己的心境："我的生活中没有阳光，我没有经历过值得高兴的事情，也不记得自己开心地笑过。集体生活令人厌倦，有的人会讽刺我，挖苦我，尽管他们自己什么都不懂，却很喜欢欺负人。我也不喜欢在家，我的父母讨厌我，他们用轻蔑的语气跟我讲话，巴不得我赶紧离开他们的视线。"

事实上，他的母亲很关心他，常为他的郁郁寡欢、不合群而忧虑。但是父亲性格很严肃，难以亲近，他认为好的教育就是要严格要求孩子，尽量不要让孩子"飘"起来。

羞耻与浮夸是一枚硬币的两面

如果说浮夸是对自我价值的过分夸大，羞耻就是自我价值的不足：感觉自己很差劲，很糟糕，令人失望，甚至毫无价值。人们在感到羞耻的时候，注意力都集中在对自己的负面感受上：羞愧、沮丧、耻辱、自我否定。

从认知的角度看，这是一种消极的自我评价，实际上远低于个人能力和表现。沉浸在羞耻情绪中的人，想象着自己暴露在众人的批评中，出丑，丢脸，无地自容。我们都见过有人因为一些小事而瞬间满面通红，羞愧难当，出言反击，或者迅速逃离。通俗地讲，就是这个人有点脸皮薄，容易急。其实就是内心的羞耻感强，容易觉得被羞辱、被否定，因而对他人产生敌意。

我们自己也曾经历过类似的情境，觉得自己做了不恰当的事情，对周围人的态度敏感，担心被耻笑。但这并不会让我们对自己产生整体的否定。经历过短暂的尴尬，我们会自我开解，"没什么大不了""没有人注意到我失态"，或者通过自我解嘲的方式来应付局面。

然而对于自恋者来说，羞耻是一场巨大的考验。他人的目光和言语，具有杀死人的力量。他一再寻求验证自己的优越感，渴望他人的钦佩，像躲避毒蛇猛兽一样避免羞耻，甚至因此回避社交，避免暴露弱点，被人羞辱。像纪泽的经历，就是很好的例子。

对自恋者来说，他得到的认可、钦佩永远不够，而羞耻却会如影随形。优越感和羞耻心就像是一枚硬币的两面，映射出自恋者内心世界的矛盾。

羞耻心是道德感产生的前提条件，可以帮助人做出符合社会要求的良好行为。但是过度的羞耻感，却会给人带来伤害，让人陷入自我否定、自我厌恶的泥潭，举步维艰。

羞耻感是怎么形成的

情绪是心理性的，也是生理性的，还是社会性的。人们通常所描述的情绪、心情、情感，更多指的是它心理性的一面，愤怒、悲伤、愉悦、兴奋、厌恶……这些情绪会带给我们特定的心理体验。

情绪的生理性指的是，我们在情绪发生的时候，会经历一系列生理变化：脸红、出汗、呼吸急促、心跳加快、起鸡皮疙瘩……在这个过程中，我们体内的化学物质十分活跃，它们帮助神经系统传递信号，并对身体系统的运行施加影响。

而情绪的社会性是指，每一种情绪的激发、体验和表达都伴随着特定的认知过程。知道自己被人疼爱会产生幸福感，听说亲人去世会悲伤和难过，知道自己做了错事会羞愧，知道自己遭遇伤害和不公会愤怒。

所以说，情绪是一种复杂的神经、心理、社会现象，它虽然发生在个体身上，却和我们生活的环境息息相关。生活在孤岛上的鲁滨逊，是体验不到太多情绪的，因为他缺少激发情绪的社会环境。

情绪是我们生活在人世中的一种状态，是重要的人生体验。无论你对情绪的看法如何，都做不到消灭情绪。对于自恋者来说，羞耻感是一种重要的情绪体验，他的很多行为都受到羞耻感的驱动。自恋者因为对自我价值有着苛刻的评价，所以对于"出丑""丢人"的感觉，比其他人要敏感得多。普通人遇到像穿错了衣服、说了不得体的话、对某些事情表现出无知、自己的观点受到别人质疑……这些情形，会觉得有点难堪，但不至于过不去。但是对自恋者来说，这就很严重了。他会觉得这是对他的全面否定，因而恼羞成怒。

自恋者之所以会对"丢脸"如此恐惧，是因为从小就形成了"只有最优秀的、完美的人才配活着""不优秀就是一文不值"的认知，并把它当成了金科玉律。这种观念形成得很早，它广泛地存在于父母的养育态度中。

自恋的父母无法接受孩子的弱点

对于抚养孩子过程中遇到的琐碎的困难，自恋的父母是不愿意面对的。

婴儿会尿湿裤子，弄脏床单，把食物抹在脸上，需要父母来帮他弄干净。这时候的他，不再是干净、柔软、可爱的小天使，而变成肮脏、麻烦、讨厌的小恶魔。自恋的妈妈一边帮他换衣服、换床单，擦干净身体，一边抱怨和斥责他。她的动作会变得粗暴，脸色会变得难看，声音会变得刺耳。粗心的妈妈还会对孩子的处境反应迟钝，让孩子忍受更多不舒服。

这些反应大多是非言语性的。就算是婴儿听不懂话也不会说话，他也能从母亲的态度中体会到她的厌恶。

而健康的母亲会及时响应孩子的需求，在照顾孩子的时候，也会安慰孩子。孩子就会觉得"麻烦是可以解决的，妈妈仍然爱我"。自恋的母亲的孩子则会感到紧张不安。

再大一点，孩子会听会说了，父母的言语态度就会更多地影响孩子的认知。你可以看到，有些父母对自己的孩子很不耐烦，尤其是当他们做出一些不得体的事情时，他们会当众批评、呵斥孩子，甚至会羞辱他们。因为他们觉得孩子让他们丢脸了。

自恋的父母在面对孩子情感脆弱的时候，也会觉得厌烦、恼怒。在他们眼中，这时的孩子仿佛残缺的自己，让他们避之唯恐不及。所以，自恋者的孩子不敢向父母求助，宁愿独自咽下耻辱，只给他们看到自己光鲜的一面。

在亲密关系中，伴侣会比外人更容易看到自恋者软弱的一面，会触动自恋者的羞耻心。所以自恋者会和伴侣保持距离，不敢真正袒露内心，亲近他人，并对别人的亲近感到恐惧。这也是他亲密关系容易失败的原因之一。

"你是父母的一部分"：自恋者为什么你我不分

很多人感到困惑，自恋者为什么缺乏边界感，动不动把自己的愿望强加于人，对别人的东西不问自取？其实，自恋者在成长过程中，自己的心理边界就经常被破坏。

17岁的昊天已经很难出门了。这不仅是因为高考在即，功课繁重，更重要的是，外面的世界潜伏着重重危险，令人畏惧。

他躲在自己的小房间里，努力为自己构建安全的防线：最外圈是胡乱摆放的家具，可以阻挡随时闯入的人；第二圈是他的书本、资料、学习用品，这是他在这个家里"合法性"的保证；第三圈是床上的被褥，他把自己裹在被褥里，尽量减少与别人的交流。

窗外传来城市的喧嚣，但是他跟那个世界没有直接的联系。他在朋友圈转发一些公众号文章，配上几句简短的评论。朋友圈中的他，显得见多识广、聪明睿智。

但是他的眼神是沮丧的、冷漠的，头发长而散乱，下巴上有初生的胡子碴，似乎从未刮过。他穿着一件看不出颜色的旧T恤，精神萎靡，缺少朝气。他的现实处境和他在网络上的样子差别很大。

房间外边，是狭小的客厅，和走来走去、不停说话的母亲。父亲在另一个房间里，偶尔会冒一下头，这对于昊天毫无帮助。母亲穿着有图案的长裙，动作利落，说话速度很快。她有昊天房间的钥匙，可以随时打开房门。她抱怨为这个家庭付出全部，却没人体谅她的苦心，丈夫不管事，孩子也不让人省心。她很愤怒，也很无奈。

昊天喜欢看文史哲一类的书，但不喜欢文学。在他看来，流露情感意味着卑微、弱小、自取其辱，那些描写情感的作家，是现实生活中的失败者。他鄙视他眼中的弱者，用尖刻的语言评论社会现象。他才 17 岁，没有见识过多少真正的黑暗、不公，却内心冰冷、厌倦。

这个家庭呈现出来的面貌，就包含着令他们痛苦的原因，但生活在其中的人却浑然不觉。

恰当的边界是个体独立的前提

一个人只有具备清晰的自我边界、稳定的自我价值，才能成为一个独立的人。他可以实现自己的想法，也能为他人负责。成熟独立的自我，也是创造力的源泉。

在人心理边界形成的过程中，父母的养育方式非常重要。

你知道吗？婴儿的世界是你我不分的，他们和母亲是一体的。母亲就是温暖的怀抱、温柔的声音、甜美的乳汁……而不是一个独立的人。自体心理学认为：婴儿都是全能自恋的。在婴儿心目中，世界就是围着自己转的，他身边的人都是为他而存在的。在这个阶段，母亲的尽责照顾、温柔抚养是非常必要的，也是健康的。

到了幼儿阶段，人的能力逐渐增长，开始有了自我意识。在这个时候，母亲就要学着逐渐后退，在安全的距离呵护孩子，鼓励和帮助他逐渐独立。一个人必须意识到自己与他人的边界在哪里，学会分清自我的需求和他人的意志。只有这样，才会拥有稳定的自我价值，学会自尊以及尊重别人。

然而，父母与孩子之间却缺乏清晰的边界，会让孩子在建立自我边界时遇到困难。自恋的父母，尤其是母亲，会破坏孩子的边界感，让孩子难以成长为内心完整、自信独立的人。

缺乏边界感的亲子关系

1. 被溺爱的孩子

溺爱最大的害处是过度满足，这会妨碍人自主性的发展。母亲任由自己成为孩子身边功能性的存在，让他过着"衣来伸手饭来张口"的日子，孩子就会以为自己的需求就是别人的需求，他只需要动动嘴巴，别人就应该自动满足他。而且孩子会依赖母亲，缺乏成长的动力。而孩子的依赖也会让母亲觉得自己有价值，母子相互依赖，形成共生关系。

成年自恋者会经常支使身边的人为他服务，想当然地把自己的需求当成别人的愿望，觉得别人有义务照顾他们。这个习性就来自儿时溺爱型的亲子关系。

2. 渴望关注的母亲

自恋者对他人的关注和钦佩有着无休止的需求。自恋的母亲和孩子之间的关系，就像是明星和他的崇拜者之间的关系。母亲鼓励和训练孩子关注自己、赞美自己，这对还在寻求自我、探索世界的孩子来说，是一个不利的环境。他不得不以母亲为中心，迁就母亲的愿望和喜好，而很少考虑自己真实的想法和需求。

所以，对于自恋者来说，他的童年实际上一直缺少真正的关注。自恋的母亲看起来很热情，经常谈论她的孩子，但她真正关心的是自己，关心的是孩子给她带来的良好感觉。她离不开孩子，是因为孩子让她觉得自己是个完美的母亲。所以，她需要孩子不断反馈，让她体会到做母亲的骄傲。

自恋者为什么会终生追求他人的关注和赞美？因为他小时候太缺这些了。

一个只能说别人让他说的话，不能表达自己意见的人，是没有真正自我的。他的内心世界就像一个被母亲任意开合的匣子，随时映射出母亲的完美，而他自己并没有自主权。他的兴趣、主见、个性、梦想，母亲根本就看不到。

而健康的母亲会本能地欣赏孩子，允许孩子专注于自己的事情，而不是要求孩子迁就自己。孩子没有负担地做自己的事情，就会体验到胜任感，产生真正的自信，在做事和与人交往中不断探索自己，形成稳定的自我价值。

3. 过度控制的父母

控制是一种过度侵入，这会不断破坏孩子的边界感，让孩子自主性的成长遇到阻碍。

自主性是一个人心理成熟的重要标志。一个人能够清楚自己的愿望，依据愿望去行动，然后体验到自己的行为带来的后果，这是自主性形成的必要条件。这个过程是自发的，任何人代替不了。意识到自己可以对环境施加影响，而并不会危及自身，这有助于人更好地建立自我边界，对自己感到满意，为自己负责。

而过度控制的父母，总是习惯性打破这个过程。不是把自己的愿望强加给孩子，就是干涉孩子的自主行动，甚至干涉事情的进展，让结果满足自己的期待。所以，孩子就没有多少机会能完整地体验一下"我能做到""我很不错""我可以负责"的感觉。控制型父母想要一个合乎自己需要的孩子，结果"收获"了一个不完整的人。

4. 挑剔的父母

适度的批评是孩子需要的，这让他知道什么才是恰当的行为。但是过度的批评会损害人的自尊，让人难以建立积极的自我评价。自恋的父母希望孩子完美无缺，他们不停地指出孩子的"问题"，要求他做到满意为止。这就不是批评，而是挑剔。

挑剔的父母把自己当成孩子生活里的审判者。孩子必须时刻担心自己的表现，而不是放心做自己的事。挑剔的父母很难鼓励和肯定孩子，即使他做得很不错，他们也忍不住指出那些不够完美的细枝末节。完美主义，实际上是一种对他人或自我的否定。"不够好就是错的""不完美就没有意义"，完美主义的价值观会让人的行动力瘫痪。"只要做事就有可能犯错，而犯错是不可原谅的，所以我干脆不做事"，社会功能受损严重的自恋者就经历过这样的煎熬。

面对自恋者，如何维护自己的边界

1. 告诉他你的态度

自恋者分不清什么是"我的需求"，什么是别人的愿望。当他有求于你，他会觉得你很乐于帮助他。他很自然地拿走你的东西，并不觉得是对你的侵犯。

所以，自恋者需要有人告诉他，"如果你需要别人的帮助，你要主动提出来""如果你需要别人的东西，你要考虑拿什么来交换"，让他意识到现实中人与人的界限。可惜，很多人出于好心和软弱，没有拒绝自恋者的无理要求。如果有人真的跟他这么说，他会露出惊讶和错愕的表情。他可能会狡辩，甚至指责你自私、冷酷，但是如果你坚持这么做，他就会放弃。

2. 不要去猜测自恋者怎么想

自恋者一厢情愿地以为，别人对他内心的想法是了如指掌的。他甚至不用说话，人们就应该知道他想要什么，就应该自动来满足他。如果你没有猜中他的心思，自恋者还会责怪你。被自恋者选中的人，大多有很强的共情能力，"猜心思"对他们不是难事。如果你受不了他的责怪、怂恿，你就会不断被他剥削。所以，对自恋者的需求、暗示保持钝感，不去心领神会，自动满足他，你就能留给自己更大的自由。

这么做一开始会有点难，因为自恋者会发脾气，制造愧疚感，迫使你让步。如果你不能承受这种指责，就会被他所利用。

"你不能是你自己"：自恋者为什么不能接受真实的自我

如今，很多父母喜欢谈论让孩子"做自己"。但是你知道吗？在自恋的父母主导的家庭里，孩子是不能做自己的。

晓蓓是一位聪明活泼的女孩，有着很强的联想力和广泛的爱好。可是她很难在学习上保持专注。当她面临有明确时间要求的学习任务，她就会变得焦躁不安，难以集中精力。她唉声叹气，不停抱怨，制造各种小事故来拖延时间。她的学习状态受情绪影响很大，只有在高兴的时候，她才能保持较长时间的专注，取得较好的效果。当她感觉沮丧、无聊、焦虑时，她甚至会放弃眼前的任务。

她时常在重要的考试前胡乱吃喝，导致肠胃出现问题，需要紧急送医。因为身体原因错过考试，她会觉得松了一口气。她会不时谈论在某次考试时胡乱发挥，结果取得意外的好成绩的经历，仿佛那是一种奇特的运气，而不是自己努力的结果。但是对生病错过考试的经历，她却避而不谈。

她会用不带感情的语气谈论自己的学习，仿佛那是不相干的另外一个人。

她看起来开朗爱笑，表达能力不错，但是她说自己没有朋友。她身体健康，却经常疑神疑鬼，担心生病，害怕死亡。她谈论这个话题的时候，原来生动的表情都消失了，眼神呆滞而空洞。

晓蓓的父母都是学习能力出众的精英，她的成绩让父母失望。她的母亲满不在乎地称她为"学渣""基因变异的产物"。在我看来，这种评价跟她实际的智力水平并不相符。我不知道她是不是当着孩子面也这样说，但晓蓓谈论自己时的冷漠语气，仿佛母亲附体一样。

然而，她们母女的关系看起来很亲密。母亲经常接送晓蓓，给她买各种饮料、零食、饰品，晓蓓的身边堆积着母亲为她置办的物品，可能在她看来，这是保证女儿专心学习的措施。晓蓓也很依赖这些东西，她感觉焦虑的时候，就靠这些东西来缓解压力。熟悉的物品让她觉得安全。她还会很自然地要求别人帮她购买所需的东西，如果没有及时得到，她会撒娇，卖萌，总有办法弄到手。

晓蓓在学习的时候，会不停地发出各种要求。她把自己遇到的困难当作谈判的条件，要求别人提供帮助，她才能完成分内的任务。她明白学习很重要，但是她认为其他人应该比自己更关心这一点。

"什么都不做就不会失败"

站在晓蓓的角度，成绩是衡量她个人价值的唯一标准，也是她和父母之间重要的纽带。父母越是关注她的成绩表现，她就越紧张，越患得患失。一方面，她很想用一次惊人的表现让他们惊喜；另一方面，她又担心表现不佳让他们失望。她的拖延、逃避，都可以从这个角度来理解：如果我什么都不做，我就不会失败，因为你们不能以此来证明我很差劲，不值得寄予希望。

其实这样的心理过程，在成年自恋者身上也很常见。有人宣称要做一件超出自己能力的大事，却迟迟不肯付诸行动；或者在行动中三心二意，敷衍拖拉，频繁出状况，连身体也会出问题。二者是多么相像啊。一方面，只有"雄心壮志"才配得上他夸大的自我。另一方面，实现"雄心壮志"的过程却让他不断遭遇挑战：我够聪明吗？我值得别人钦佩吗？别人会因为失败而看不起我吗？我会不会因此名誉扫地？

所以，他拖延、破坏，找各种借口不去行动，这样就能避免失败的耻辱和随之而来的自我厌恶。甚至，我们可以这样理解：为了避免失败，他替自己设定了一个不可能完成的任务。

你可能觉得，紫宸的行动能力看起来要高于晓蓓，至少他还敢于接受挑战，而晓蓓直接丧失了行动的信心。但是紫宸患得患失的心理，一点也不比晓蓓轻。他经常在雄心勃勃和灰心丧气之间来回切换，导致他心情剧烈变化的，就是父亲看待他的成绩的态度。他们之间最大的区别可能在于，跟紫宸紧密连接的是父亲，而晓蓓最在意的是母亲。紫宸的母亲在家里是弱势的存在，然而她能带给儿子安慰。

他们都会不自觉地重复父母贬低的评价，因为给他们制定目标的是父母，评价他们的也是父母。对他们来说，父母的态度直接决定了他们的自我价值，他们担心自己在父母眼里一文不值。

而自恋的父母看不到孩子的真实面目，对孩子的认识经常不符合实际。他们眼中的孩子，有时完美无缺，有时又一无是处。所以，他们给孩子制定的目标，超过孩子的真实能力。而当孩子遇到困难，表现不如意时，他们就会气急败坏，感到丢脸。孩子为了让父母满意，只能隐瞒自己的不足。从这种角度看，自恋者心目中夸大的自我，是父母替他植入的。而他真实的自我，从未被看到，也没有受到应有的接纳和鼓励，所以他才会那样害怕失败。他是父母虚荣的牺牲品。

孩子对自恋者意味着什么

前些年网上有个很出名的育儿博主。这位隐去自己姓名的父亲，从孩子记事起就与妻子离婚了。他辞去工作，搬去郊区，把全部精力用在孩子身上。他建设了一个小山庄，粉丝可以付费参观他的"教育实践"。这就是他们父子俩生活的主要来源。山庄有专门的陈列室，展出博主儿子从小到大的照片，以及这位父亲的教育理念。父亲连续十几年跟拍儿子的成长，用坏了好几台相机。粉丝对孩子成长的点点滴滴都十分熟悉，并对父亲的耐心付出感动不已。为了做一顿精美的早餐，他不厌其烦地用水果蔬菜雕花、造型，有时需要花上两三个小时。

他独创的一些教育方法也让网友印象深刻，比如让孩子在参加同学聚会后回收垃圾，让孩子掌管全家的开支。在他自己的讲述中，他给儿子无限的尊重、信任和支持，感动了无数粉丝。后来，这位父亲的儿子考入美国的一所大学学习哲学，不久因抑郁症而去世。这位父亲为儿子相识不久的新同学写了一封公开信，表达对儿子这一选择的无条件支持。这封信里缺乏一位正常的父亲在失去孩子时应有的悲痛，却充满对自己教育理念的沾沾自喜。网友中开始有人站出来批评这位父亲。

在这位父亲眼里，孩子的成长进步是他作为一位成功父亲的证明。他把孩子的人生当成践行自己教育理念的试验场，投入极大的专注、热情，甚至押上自己的人生。他用诗一般的语言赞美自己的孩子，为儿子的点滴进步而欢呼，并忙不迭地展示给众人，就像一位能工巧匠展示自己的作品。在他拍摄的大量照片中，儿子都很乖巧、顺从，展现出好孩子应有的风貌。他为自己的工作得意、陶醉，他似乎看到孩子的光明未来——名校毕业，出人头地，为父亲带来更多荣誉。然而，现实让人大跌眼镜。这位被当作试验田明星培养出来的孩子，在刚刚成年不久，就做出惊人的选择——离开这个世界。

这位父亲的这种自鸣得意、自我陶醉的风格，其实有很强的自恋意味。儿子成了父亲证明自己价值的工具——"完美父亲"这场大戏里的配角。而这个称呼正是这位父亲为自己打造的网络形象。自恋的父母看重的是父母这个角色给自己带来的东西——荣誉、钦佩和服从，而看不到孩子本身。真实的孩子被自恋的父亲的理想绑架了，他没办法做自己。

出于对父亲本能的爱，他努力跟上父亲的要求，想要做父亲期待的那个人。然而，他内心的软弱、犹豫，他自己真正的兴趣、愿望、梦想，一直没有被看到。父亲的骄傲和虚荣掏空了他的内心，让他疲惫、茫然，缺乏前行的力量。在远离父亲异国求学的时间里，他越来越发现自己生活中令人绝望的真相。这，也许就是这位儿子在离去之前真实的心路历程。可是，他的父亲有机会看到吗？

自恋的父母的孩子不一定都是自恋者

这些孩子在成年之前，其实还有很多机会拥有自主的人生。他们可以通过与其他人的连接，获得健康的自尊。

1. 父母中的另一方

上述案例中的儿子的母亲与他父亲很早就离婚了，母亲曾劝儿子接受自己作为普通人的一面。孩子若能和慈爱而充满同情心的父母中的另一方相处较多，就能得到更多安慰和示范。

2. 慈爱的祖辈

相比父母，祖辈的慈爱更包容、更少功利性。与祖辈的情感连接，可以让被父母苛待的孩子体验到更多温情。

3. 老师或亲戚中的长辈

真正的关心、有质量的陪伴、理解和支持，会提高人的自尊水平。

4. 同伴关系

来自同伴的关心和鼓励，会让人对自己更有信心。同伴之间的良性互动，能让人获得更多与人平等相处的经验。

"他人即地狱"：自恋者到底有没有共情能力

在大多数人的印象中，自恋者很少当众流露感情。他经常神情冷漠，厌烦中带着轻蔑。人们不禁感到好奇，自恋者的情感世界是什么样的？他到底有没有真实的情感？

思菱现在回想起跟海涛在一起的三年多，还心有余悸。最让她感觉受伤的，是他无所不在的冷漠。她时常觉得，自己的枕边人缺乏正常人应有的情感反应，自己就像生活在没有感情回应的空谷。"他应该是讨厌我的，因为当我感觉脆弱，需要安慰的时候，他总是皱着眉头，一声不吭，就像站在岸边看别人落水的路人，一副事不关己的厌烦表情。"

他们一起看电影、追剧，当思菱为剧中主人公的悲惨遭遇流泪的时候，海涛却表现得无动于衷。思菱试图跟他解释主人公多么令人同情，他就会发出冷笑："这都是编的，你竟然为这种事掉眼泪！"

思菱遇到什么为难的事，希望得到海涛的安慰，这根本就是徒劳。如果思菱指出海涛不关心自己的感受，他会辩解说："这件事是你自己搞砸了，没有看清利害关系，无意中得罪了领导还不知道，现在人家不整你整谁？我跟你说过多少回，你要小心做人，学会看人脸色，你就是不听。"思菱本来想寻求安慰，结果却招致一场批评和埋怨。思菱既委屈又无奈。

这样的事情遇到多了，思菱也失去了寻求安慰的兴趣，遇到困难只能自己默默消化，但她觉得孤独，被冷落，心情苦闷。她试图与海涛沟通，希望他明白情侣之间需要互相倾听、安慰。但是海涛回了一句："有什么大不了的事，总这么婆婆妈妈的有意思吗？"

思菱气得哭了一场，海涛就像没事人一样自顾自打游戏。看着海涛那没有表情的麻木的脸，思菱觉得一阵阵寒意袭人。她不理解：世上真有这种没有感情的人吗？

"过分理性"是一种病

在 DCM–5（DCM 第 5 版）对自恋障碍的诊断标准中，缺乏共情能力是一个显著的指标。

所谓共情能力，通俗讲就是一种"感同身受"的能力。当别人因失去亲人而悲伤，因遭遇欺辱而愤怒，因家庭和睦而幸福，因取得成就而自豪……我们能体验和理解这种感受，并对他人表示支持。可以说，共情能力是人与人情感连接的纽带，也是建立良好人际关系的重要条件。当我们知道自己的感情被人理解、接受和支持，我们会感到与他人有紧密的联系，自己的人生是有意义的。

共情与同情是不同的。共情是"我理解那种感受，我觉得你遇到这种事，产生这些情绪非常合理"，而同情是"这个人本来处境就很糟糕，又遇到这种事，实在是太可怜了"。也就是说，共情者与被共情者是一种平等的关系，而同情者默认的是"我不会落到如此地步，而你需要别人帮忙"，他们之间不是平等的关系。我们听到天灾造成巨大的破坏，很多人无家可归，儿童失去父母，生命面临威胁，会去慈善组织捐款帮助灾民，这种感情就是同情。而我们对家人、朋友、伴侣的支持、打气，并不是觉得他们可怜，而是我们爱他们，希望他们得到情感的慰藉。这种感情就是共情。

心理学研究认为：人有共情能力，是因为我们大脑中的镜像神经元在起作用。因为有镜像神经元，我们可以模仿别人的动作、表情，体会到别人当下的感受。婴儿看到母亲的笑容也开心地笑了，这就是镜像神经元在起作用。可以说，镜像神经元是社会化学习的生物基础，也是文化、文明得以创立和传播的条件。有研究者认为，幼儿孤独症的产生，可能跟他们大脑镜像神经元受损有关。只要是与他人建立联系，进行基本社交活动，都需要镜像神经元的参与。从这个角度看，自恋者与其他人在大脑的生理基础上并没有本质不同。他懂得社会规范，会模仿别人的行为、言语，说明他们具备共情他人的生理基础。

有些自恋者甚至可以在公开场合表现得言谈得体，善解人意，特别友善而慷慨，显得共情能力超过一般人。这又是为什么呢？因为他们可以敏锐地观察到别人的弱点，可以利用别人的弱点迅速而精准地打击对方。这似乎都说明他们并不缺乏共情能力。

然而在私下场合里，自恋者又显得冷漠、刻薄。他们不喜欢流露情感，也对别人缺乏情感呼应。当别人抒发情感时，他们会觉得困惑、厌倦，无法理解，缺乏耐心，甚至拒绝沟通。他们可能会赞同或宣扬这样的观点：感情是不必要的，感情丰富的人缺乏理性控制能力，是轻浮愚蠢的；不流露感情的人才是强者、赢家。

这种自相矛盾的现象是怎么形成的呢？

虽然有研究者认为，严重的自恋障碍者，大脑负责表达情感的区域确实存在异常，然而，生物学原因并不是导致自恋障碍的唯一原因，甚至不是主要原因。

也就是说，自恋者并不缺少共情别人的能力，只是由于某些特殊的原因，他们觉得共情别人会给自己带来危险，甚至可能威胁他们的生存。所以，他们才会下意识地阻止自己去体验别人的情感。

主流的观点这样看待自恋者的共情能力：他们可以在认知上"同理"，即理解别人的处境，但在情感上无法感同身受。

人生于世重要的生命体验，就这样被他们排斥在外。

为什么情感是一种威胁

如果你观察自恋者说话的风格，就会发现，他描述感受的词汇十分缺乏。他会笼统地说"糟糕""可怕""太坏了"，却说不清自己的感受到底是什么，也无法准确地说出别人的感受。他的大脑拒绝体会身体的感觉，并竭力将其排斥在外。他可能会接受这样的描述：我觉得身体是陌生的，我不知道自己身上发生了什么，我觉得与它失去了联系。

心理学家在遭遇过情感创伤的幼儿身上发现了类似的现象，我们普通人也可以在稍大一些的孩子身上看到类似的反应：本来遇到巨大打击，他们却不哭不闹，表情呆滞，反应迟钝，仿佛这件事没什么了不起，甚至根本没有发生。心理学家把这种现象命名为"解离反应"。通俗地讲就是，因为痛苦太强烈，太可怕，所以他们把它隔离开来，拒绝感受，以此来保护自己，避免受到威胁。

解离是一种针对伤害的防御手段，是一种无意识的心理过程。幼儿处在威胁性、伤害性的环境中，就会形成这种防御手段。生活在暴力环境中的儿童和青少年，会患上一种叫"述情障碍"的病，典型症状就是体验不到情感，无法描述情感。

就算是健康的成年人，遭遇到强烈的创伤体验，也会体验到类似解离的状态。但这种状态是偶然的、暂时的，是可以觉察和恢复的，因为健康的成年人有很多成熟的经验来应对环境的变化。

而人格障碍者从小的生长环境是恶劣的、虐待性的，所以他们更习惯使用解离防御，以此隔离痛苦。后来，他们把这种方法整合进自己的人格结构中，就形成了隔离情感、缺乏共情的习惯。

自恋者的父母由于自身的人格问题，不善于处理自己的情感。当他的孩子流露情感的时候，他会觉得惊慌失措，受到威胁。他呵斥孩子，禁止他们表现软弱；还会用恶劣的言语、态度羞辱他们，威胁要抛弃他们。所以，儿童就会为自己的软弱感到羞愧、恐惧。久而久之，他们就不再信任自己的感受，而是披上坚硬的铠甲，来抵御他们心目中的威胁。

好母亲是情感健康的来源

我们精神中很重要的东西，是在我们婴幼儿时期形成的。

情感作为一种复杂的精神活动，需要一个稳定的、互动良好的环境。当婴儿处于困难的境地，他不知道如何表达感受，只会用哇哇大哭来表示他很不舒服，需要帮助。而一位情绪稳定、充满慈爱的母亲，不仅可以及时发现婴儿的需求，还可以帮助婴儿识别自己的感受。"宝宝是饿了吗？""宝宝困了，需要睡觉觉""小屁屁尿湿了，好难受啊"……这些妈妈的喃喃自语，是婴儿最初、最重要的情感教育。他虽然听不懂妈妈的话，但能感受到她的温柔、关爱，知道自己是好的、受人欢迎的，也知道这种感受是什么，怎样才能过去。这些都是非常重要的支持。

而自恋的、情绪不稳定的母亲，在发现婴儿需求方面迟钝，反应忽冷忽热，对婴儿的哭闹厌恶、不耐烦。相应地，婴儿也得不到恰当的情感反馈帮他们识别和接纳自己的感受。他看着母亲厌烦的表情，听到她的抱怨、呵斥，就会觉得自己是糟糕的，自己的感受是不受欢迎的。正是这些发生在生命早期的糟糕体验，让他对情感的正常流露产生恐惧。

所以，当自恋者用厌恶的语气谈论别人的情感时，他实际上是在表达自我厌恶。而这种莫名其妙的自我厌恶，正是来自他儿时糟糕的抚养者。

自恋者真实的内心世界

在人群中，自恋者经常表现出积极的、受人欢迎的外在形象，特别是浮夸型的显性自恋者，他好像天生就知道怎么营造受欢迎的形象。我们已经知道，自恋者心目中的自己是远远高于他的实际能力的。为了满足对夸大自我的认同，获得他人的关注、崇拜，他也会拼命努力。这对取得事业进步是一种推动力。

然而，他人格结构中那些适应不良的方式，却拖累了他，让他不断处于困境之中。与他竭力表现出来的样子有很大不同，自恋者的内心世界充满着意识不到的断裂、消化不了的冲突，动荡不安，矛盾重重。

黑白对立，两极分化

熟悉自恋者的人会觉得很困惑，因为他经常表现得自相矛盾，让人难以理解。对待同一件事，他有时热情洋溢，有时又兴味索然；对待同一个人，他有时评价极高，有时又嗤之以鼻。他的观点也是经常相互冲突，左右互搏。前些日子，你刚听到他激烈地批评唯利是图的社会风气，不懂得尊重普通人；转过天来，你又听到他振振有词地批判穷人愚蠢，不能夹起尾巴做人。他一会嫌弃你懒散堕落，不求上进；一会又指责你是工作狂，忽视家人。如果你在乎他的意见，真会被他搞糊涂。

造成他这种奇怪表现的原因，是另一种人格障碍者常用的防御方式——"分裂"。

这是一种极端化的认知方式，要么极好，要么极坏，没有过渡地带。心理学认为，婴儿的抚养者情绪不稳定，态度多变，会让婴儿陷入困难：那个春风满面，叫自己宝贝的母亲，和那个皱着眉头，抱怨、斥责自己的母亲是同一个人吗？这种矛盾让婴儿无法理解，也难以承受。所以婴儿就在头脑里分裂出两个妈妈，一个"好妈妈"，一个"坏妈妈"，以此来保护自己。"好妈妈"出现他就欢欣鼓舞，"坏妈妈"出现他就紧张恐惧。这种简单的方式可以让婴儿获得暂时的安全感。

所以，当自恋者对你大发脾气时，不要怀疑你哪里有问题。那是他眼中的你被"坏妈妈"附体了，冷酷，残忍，充满威胁。为了保护自己，他要攻击那个"坏妈妈"。

当自恋者对你大加赞赏，觉得你完美无缺时，也不要太当真。那时候，你是他心目中"好妈妈"的化身，他在享受完美的母爱。

牟某某与包某的案子，流出来很多令人震惊的聊天记录。牟某某既贬低包某，又称呼她为"妈妈"。外人看起来觉得不可思议：人怎么会看不起自己的妈妈呢？从"分裂防御"的角度看这件事，就很好理解了。

"这是个赢者通吃的世界"

对普通人来说，自己的伴侣、亲人、朋友取得成就，实现目标，获得赞誉，我们会由衷地为他们感到高兴。这是一种自然的真情流露。

而自恋者遇到这种情况，反应却并不积极，甚至显得冷漠、无动于衷。你会感到，他好像根本没注意到这件事。因为没有得到他的祝福，你可能会觉得失落。然而，他内心并不像他表现出来的这么平静，而是充满强烈的嫉妒。用不了太长时间，他就会寻机发作。不一定是针对你取得的荣誉，因为那太明显，太不体面了。他会在你意想不到的细枝末节上找碴，在你兴高采烈的时候泼冷水，在你不经意的言谈中寻找漏洞，对你发动出其不意的攻击。

他在这么做的时候，仿佛有种横扫千军、势如破竹的力量。一定要见到你溃不成军，他才会心满意足。你可能会震惊不已，为什么一个平时温文尔雅、客气周到的人会突然变得恶意满满，仿佛跟你有什么深仇大恨似的？如果你很在意他对你的态度，这种情形真的让人很难过。

自恋者内心缺乏稳定的自我认知，所以他人的优秀、成功和引人注目，在自恋者看来就是一种重大威胁。对他来说，从来就没有什么"你好我好大家好"，有人占据光辉的顶点，他就要跌落黑暗的底层。他会赞同这样的"名言"："这是个赢者通吃的世界，而输者将会失去一切，一文不值。"

还有一种更隐晦的嫉妒，就是暗中破坏。他会给那些充满干劲的人制造困难，从而阻碍他们取得成功。他会质疑你的方案，给你添麻烦，让你分心。当你最想做成的事情遇到挫折，你会感到他好像松了一口气。他这种表现让你很难过，但你很难和他对质这件事。

自恋的父母，习惯于对孩子灌输这种"赢者通吃"的观念，当孩子遇到困难和挫折，他们还会表现出厌恶、耻辱。在多子女的家庭里，自恋的父母会在孩子之间制造矛盾，操纵顺从的孩子，孤立有主见的孩子。这会让父母得到更多好处，却会在兄弟姐妹间种下嫉妒的种子。

"反正到最后每个人都会离开我"

自恋者看起来很容易得到他人的信任，你会为他推进关系的速度感到惊讶。前几天刚刚在酒桌上推杯换盏，称兄道弟，过几天就推心置腹，无拘无束了。他那么迫切地接近你、恭维你，让你受宠若惊。他好像能和各种人成为朋友，身边永远是人来人往，热闹非凡。

然而，他真实的生活状态却不是这样的。他经常遇到意料之中的分手，甚至激烈爆发的决裂，给他的生活造成巨大冲击。他会小心掩盖真相，做出一副一切正常的样子。他在内心里告诫自己"反正到最后每个人都会离开我"，现实果然"如其所愿"地发生了。他渴望关系，又不信任他人，不由自主地破坏关系、伤害对方。这就是他人际关系总是遇到麻烦的根本原因。

对普通人来说，彼此分享感受是亲密关系的乐趣之一。然而对自恋者来说，亲近他人是危险的，这意味着把自己的弱点都暴露给别人，不得不时刻提防臆想中的攻击。他宁愿把自己封闭起来，也不愿让别人了解自己真实的想法。对他来说，自己身上的任何一种缺点、不足都是不能接受的。他不能接受真实的自己，也不想让别人看到这一点。

所以，当你和自恋者走得比较近，你就能感受到他内心的戒备和拒绝，难以与他亲近，这让人泄气和受挫。

自恋者在儿时体验过父母的忽视、拒绝和打击，所以很难建立真正的信任感。孤独时寻觅，得到后又破坏，这是自恋者看不到的真相。

自恋者一个人待着时在想什么

1. 怕死和疑病症

欣怡的男友纪泽，平常有一点风吹草动，就开始疑神疑鬼，觉得自己得了大病。他喜欢去医院检查，直到医生亲口给他保证他没有问题，才会放下心来。

晶晶的前夫对她说，自己从出生以来，就从来没一个人待过，独处让他觉得恐惧。人到中年，身体上的不舒服让他焦虑，甚至出现过惊恐发作。

人格障碍者内心是虚弱的、缺乏整合的。一个夸大的、无所不能的自我，一个脆弱的、羞耻的自我，二者之间的矛盾总是难以调和，难以建立起一个真实的、稳定的、协调的自我形象。这种内在的虚弱折射到意识中，就会演变成一种恐惧——害怕自己会消失。

自恋者在生命的最初阶段，都体验过来自抚养者的忽视、拒绝甚至虐待。对于幼儿来说，父母的厌弃就是一种"死亡的诅咒"。

出于防御的习惯，他和自己的身体缺乏情感上的联系。所以，当身体出现一些异常，他就容易大惊小怪，觉得出了大问题。

2. 单调乏味的情绪体验

自恋者内在的情绪体验是强烈而单调的，相比普通人，情感细腻的程度也不足。他最常体验到的情绪是愤怒、嫉妒、羞耻、怨恨，更多时候会感觉麻木、无聊、厌倦。

在社交场合寻求关注和钦佩，在各种人际交往中跟他人竞赛、斗争，已经消耗了他大部分精力。所以，回到私人空间里，他会感到疲惫、厌倦、空虚、无聊。如果你把自恋者在外边光彩照人的那一面当成他的全部，看到他在熟悉环境中的精神状态，你准会大吃一惊。他精神涣散、眼神空洞、表情麻木，好像被抽空了精神的躯壳。所以，你就可以理解他为什么如此热衷社交了。

一个人有真实而清晰的自我形象，在独处时也不会自我怀疑。这对自恋者来说是非常困难的。因为他从小很少被父母理解、接纳、鼓励，真实的自我很难被父母，包括他自己看到。自恋者必须在与人交往时不断确认自己的价值。他人的羡慕、崇拜、夸奖，会让他飘飘欲仙；而他人的反驳、抗争、辩解，也会让他精神抖擞。自恋者需要无限的关注和回应，对他来说，独处是难以忍耐的时光。

很多自恋者有物质成瘾和冲动消费的问题，因为这两种活动既能带给人即时的刺激，抵消独处时的空虚无聊，又可以向外界证明自己的价值。

你应该了解的冷知识：什么是"足够好的母亲"

"足够好"（good enough）并不是尽可能好、尽善尽美的意思，而是好得恰到好处，有点类似我们中国人对"中庸"的理解。也就是说，母亲对孩子的照顾，要保持恰当的分寸、距离，帮助孩子建立自我信念。这个概念，是英国著名心理学家温尼科特提出来的。

婴儿刚出生的时候不知道是谁，甚至分不清自己和环境。在婴儿眼中，母亲的怀抱是自己的一部分。人要知道自己是谁，得先在头脑里建立一套客体关系，知道"我"和"非我"的界限在哪里。"我"是主体，"非我"是客体，是环境。先知道客体存在，然后才知道自己存在，这就是自我意识形成的过程。小猫小狗照镜子，不认得镜子里的自己，以为是另一只小猫小狗。这是因为它们的头脑不够高级，没有自我意识，不知道自己是什么样子。

母亲是婴儿最亲近的抚养者，是他感知环境、认识环境的第一个媒介，一个实实在在的客体。婴儿通过母亲来认识世界，感知自己的存在。所以，母亲的特质对婴儿早期的心理成长非常重要。

温柔的、亲切的、照顾及时的母亲，让婴儿体会到环境的友善，意识到自己是重要的、受欢迎的。母亲情绪稳定，反应一致，让婴儿意识到环境是安全的、可以交流的。母亲能识别和容纳婴儿的情绪，并及时反馈给婴儿，帮助婴儿更好地理解自己的感受。这样，婴儿的自我意识就慢慢形成了。直观地说，好母亲就像一面好镜子，反射出婴儿对自己的认识——"这就是我，我很好""我是受欢迎的、有价值的""我可以理解我身上发生了什么"。

而冷淡疏忽的母亲，让婴儿缺乏照顾，情绪和需求得不到及时的反馈，婴儿就无从建立稳定的客体认知，进而形成稳定的自我意识。母亲情绪不稳定，反应忽冷忽热，也会让婴儿觉得困惑："我到底是好的还是坏的？到底受不受欢迎？"母亲对婴儿的情绪缺乏耐心，不接纳，也会让婴儿对自己的感受惶恐不安。这就像是镜子离得远，拿得不稳，或者镜子本身凸凹不平，反射出来的形象不稳定，婴儿也就很难建立起对自我清晰的、稳定的、积极的认识。这些生命最早期的经验，对一个人自我意识的形成非常重要。这就是为什么，那些情绪不稳定的母亲，养出来的孩子也会有情绪不稳定的问题。

那么，在最初的阶段尽责照顾、温柔抚慰是不是就足够了呢？

也不是。母亲还需要及时退出母子共生的关系，给孩子留出成长的空间。对幼儿自我意识的成长来说，适时的挫败是必要的。

比方说，婴儿哭闹时，母亲递给他奶瓶、给他换尿布都是必需的。但是，当他长大了一点，可以自己拿到吃的，可以自己上厕所时，母亲就没有必要时刻响应他的需要，事无巨细地照料他。他可能哭闹了一阵发现不管用，就得自己去做这些力所能及的事情。虽然他会埋怨母亲，说"妈妈坏"，但是他也体会到了"我也行"。他不再那么需要母亲，因为他发现自己有能力生存。这对一个人的心理成长来说是非常重要的体验。

那些溺爱的母亲，就是因为很难接受孩子逐渐不再依赖自己的现实，才事事包办，过度侵入孩子的生活，剥夺了他们成长的权利。

对孩子来说，"足够好的母亲"总是处在恰当的位置上，既不是近得不分彼此，又能得到及时的呼应、支持。

为了孩子健康成长，母亲要学会适应孩子的成长，甘心做孩子成长的背景板。你看起来没有那些忙得晕头转向的母亲那么"爱孩子"，但是你给了孩子最宝贵的东西——信任。

第 **3** 章

从控制到虐待：
揭秘自恋虐待的运行机制

❖

服从性测试——隐蔽的奴隶训练

反应性虐待——倒打一耙的诡计

三角测量——借助他人施压

煤气灯操纵——暗中捣鬼，扰乱认知

贬低和打压——摧毁自尊的手段

限制和孤立——无形的囚笼

你应该了解的冷知识：什么是自恋虐待

❖

以自恋者为中心的人际关系，通常存在不易察觉的隐性虐待。它们隐藏在众人看不见的私人场合中，在紧密联系的两个人之间悄悄上演。自恋者长期打压、欺凌、剥削他人，毫无怜悯之心。而当受害者站出来揭发他，自恋者又会巧言狡辩，让受害者无法解释清楚自己到底遭遇了什么，也不知道如何去应对和避免被虐待。所以，我们有必要对自恋者常用的虐待手段加以解析，看清楚这些虐待行为是怎么发生的。

服从性测试——隐蔽的奴隶训练

2023 年 6 月 15 日，北京市某人民法院以虐待罪判处牟某某有期徒刑 3 年 2 个月，同时判决其赔偿被害人之母各项经济损失共计人民币 73 万余元。法院认定，牟某某在与女友包某（化名）恋爱期间对其实行辱骂、虐待，对其精神造成巨大伤害，导致包某在 2019 年 10 月服药自杀，在第二年 4 月医治无效死亡。

包某手机中保存的聊天记录让无数网友感到震惊。牟某某要求包某证明自己的"忠心"，她要先怀孕然后去做流产，再把诊断交给牟某某保存。牟某某还要求包某做绝育手术。这些要求看起来那么触目惊心、不可思议。很多人表示难以想象两个人的关系怎么到了这种地步。包某也是一名大学生，怎么会任由牟某某说出这么苛刻的、侮辱性的要求，而不知道反抗？

冰冻三尺非一日之寒，虐待性关系的形成不是一朝一夕的，都是经过反复试探、驯化才逐渐走向深入、牢固的。服从性测试，就是自恋者常用的一种驯化方式。

自恋者通过让你做一件不太舒服的小事，来测试你的顺从程度和情绪反应。你照办之后，他就会不断加码升级，一步步突破你的底线。它就像一种隐蔽的奴隶训练，边界感不太清晰的人，就会在自恋者步步紧逼的测试以后，逐渐妥协让步，陷入巨大的困境中。

每次前进一小步

服从性测试能够取得成功，关键在于对测试尺度的拿捏。如果一下子就提出十分过分的要求，很容易招致巨大反弹，导致测试失败。在这方面，自恋者可谓有天然的敏感。他知道如何一点点收紧绳子扣，让他人逐渐放弃抵抗，承认他拥有不可撼动的权力。

例如，自恋者让女友陪自己出门应酬，女友本来正在生理期，身体不舒服不想去。自恋者是知道的，但是他想测试女友的服从性，就说："这次聚会对我很重要，可能关系到我的提升，如果你不在乎这个，那就在家休息吧。"

女友心想：这事这么严重，我也不想他责怪我，那么我就克服一下困难吧。于是忍着疼痛出门了。

在聚会上，自恋者跟大家介绍自己的女友，会特意强调"她性格好，对我很支持"。女友会觉得自己虽然忍受痛苦，做了不愿意做的事情，但获得了男友的认可，这是个正面行为。殊不知，自己已经向自恋者表明："我可以接受以你的需求为主。"自恋者只会得寸进尺，加紧试探。

下一次，自恋者不经商量就带回朋友，要女友放下一切招待大家。他甚至都不再解释"这些人对我事业很重要"，而是一副"你看着办吧"的架势。这时候女友虽然不太高兴，但又不想让他在朋友面前没面子，只能勉为其难忙前忙后。这一次，可能只有朋友表示下歉意，而自恋者都懒得夸她一句"性格好"。朋友散去后，女友问自恋者："这些人都是什么人？"自恋者说："我是为我们俩将来打算，想多挣一点钱，上个月给你买化妆品就花了几百块，我不多挣点钱行吗？"

第三次，自恋者要求女友放下手边的工作，帮自己处理一些紧急事务。女友稍微迟疑了一下，自恋者就说："你最近脾气变差了，都不拿我当回事。"

如果女友不反对，类似的事情就会一再发生，直到双方关系的权力格局彻底固化。

制造愧疚，拿捏情绪

研究上面的例子，你可以看到自恋者拿捏他人情绪的关键一步：制造愧疚。

愧疚情绪的核心，是一种"我觉得亏欠了对方，需要做出补偿行为"的认知。然而，在这三次测试中，"被亏欠"是自恋者捏造出来的假象，用来掩盖他想要获取更大利益的本质。

普通人请求别人帮助，遇到别人有困难，拒绝了，我们可能会觉得失落，但也理解这是对方的权利。我们不会预设"不帮我就是做坏事"的前提，让对方感到愧疚，要挟对方为自己付出。

女友身体不舒服，不能陪自己应酬，普通人会理解女友的意见，而不会用"你不去就是破坏我晋升"来要挟对方。通过制造愧疚，自恋者让女友处于"要么忍痛出门，要么承担破坏关系的责任"的两难处境。

因为女友通过了第一次测试，自恋者马上就加大了压力。在第二次测试中，自恋者为了堵上女友的嘴，又抛出"你消费高，给我带来经济压力"的说法来制造愧疚，让女友不敢再流露不满。

其实女友完全有权利拒绝这种强加于人的任务，可是自恋者却拿不相干的事情来责备女友，将自己的不合理要求解释为"养活女友"的必要条件，强迫女友为此做出让步。

第三次测试，自恋者再一次无视自己要求很过分的现实，把女友有正当理由的犹豫夸大为"脾气变差，不拿我当回事"。女友再一次在他的无理指责中做出让步。

自恋者就这样通过制造愧疚，拿捏对方的情绪，一步步蚕食对方的底线。

"打一巴掌给个甜枣"

服从性测试在社交场合其实很常见。自恋者为了寻找合适的猎物，并不会赤裸裸地"极限施压"，而是采取有弹性的策略，避免被人过早看清真实目的。他会先往前进一大步，情况不好再退一小步，但不会退回原点，一定要保持在一个你觉得不舒服，但还可以忍耐的程度，以备下一次再逼近。

你也许见过或听说过这样的事情：

有些人喜欢当众嘲讽别人，给别人起绰号，或者讲贬低、冒犯的话。如果你反应激烈，他会说"开个玩笑而已"，但不再继续，因为他知道你是不好驯服的，放弃了继续试探的打算。

然而，有的人只是难堪、脸红，默不作声，并没有表示明确反对。测试者就明白这是个好驯服的人，他会得寸进尺，加大对这个人的测试压力，直到和这个人建立更密切的关系。

所以说，"打一巴掌"是真的疼，用来测试你对疼痛的忍耐限度；"给个甜枣"也不是真正的甜枣，只是下一步施压之前的缓冲而已。

在生活中，在职场中，我们也会遇到类似的事情。有人会提出在外人眼里很过分的要求，公然支使和利用别人。那个被支使的人感觉很不舒服，甚至私下里跟人抱怨。但是下次那人再提出要求，他还是会照做。

这件事在外人看来有点不可思议，但是被支使的人却经历了一次"打一巴掌给个甜枣"的过程。也就是说，在两次施压之间，有个短暂的"和平期"，比如一次招呼、一次笑脸。这让被支使的人松了口气，误以为欺压者可能要放过自己，甚至可能是自己误会了欺压者。直到下一个"巴掌"打到身上，才又习惯性地忍耐、后退。

在自恋型关系中存在的种种令人惊骇的欺压、操纵、剥削，正是从一次次不起眼的服从性测试开始的。

你有不服从的自由

我们生活在一个并不绝对平等的世界，服从权力是大多数人的习惯。这也是那些恶劣的行为会被人一忍再忍的原因。

然而，这并不意味着你需要在各种不平等的人际关系里继续忍耐下去，以放弃自己的幸福为代价，无止境地满足对方的需求。你始终有不服从的自由。只要你不允许，对方就无法继续索求无度。

1. 表明你的态度

你需要意识到，对过分的要求、恶劣的行为明确表示拒绝、反对，并不会伤害到任何人，反而可以让彼此的关系变得简单。在发展良好的关系中，双方都知道自己能做什么、不能做什么，愿意尊重并维护彼此的契约。一个在一开始就想压你一头的人，绝不会是什么好伙伴，失去了也不可惜。所以，你也没有必要为了维持彼此的关系而一再退让。

2. 拒绝情感勒索

拒绝是一件简单的事，但是承受对方的坏脾气却让你觉得为难。你看到他们受挫后怒气冲冲，脸色难看，甚至说出一些不好听的话，用愧疚感绑架你，可能会觉得于心不忍。你要知道，这正是服从性测试取得突破的关键环节。你需要承受这种压力，提醒自己"我没有让步的义务"。

3. 完善自己的边界

自恋者你我不分的特性，很容易制造出一种自来熟般的亲近感。对于那些内向、羞怯的人来说，自恋者的主动热情、不拘小节可能会让人感觉轻松。然而这种"松弛感"中总包含让人不快的成分，这就是被人破坏边界带来的。这时你就需要搞清楚，拉近关系到底是你的需要和意愿，还是他人的一厢情愿。每个人都可以决定关系推进的速度，以及是不是要继续推进，以怎样的方式继续推进。你始终是一个独立自主的人，不要把自己当成礼物送给那些热情过度的人。

反应性虐待——倒打一耙的诡计

你是否经历过一种特别堵心的情境：一个人对你做了一些很恶劣的事情，让你很愤怒，情绪被点燃。当出现旁观者之后，对方反而做出一副受害者的样子，让大家来评理。旁观者发现你情绪激动，歇斯底里，甚至开始攻击对方，就会觉得对方说得有道理，误以为你是那个伤害别人的人。你感觉有冤无处诉，有苦说不出，情绪濒于崩溃。

如果你在和一个人相处的过程中经常出现这样令人抓狂的场景，那么对方就是在对你实施反应性虐待。在自恋型关系中，反应性虐待很常见。

所谓反应性虐待，指的是施虐者通过破坏受害者心理健康的方式，让受害者陷入自我怀疑、自我否定，最终情绪失控甚至疯狂。而施虐者却摆出受害者姿态，把责任转嫁给受害者。

在反应性虐待的过程中，施虐者全程都知道自己才是那个伤害别人的人。但是他通过保持冷静、扮演无辜来迷惑他人，将受害者被伤害的表现指责为对自己的伤害。而这种扭曲事实、倒打一耙的行为，让受害者的情绪更加失控。

网上曾经流传过一段母女冲突的短视频，视频中的女孩有十六七岁，母亲推着一辆电动车站在闹市的街头。女孩一边捶打和推搡母亲的胳膊，一边声嘶力竭地喊叫："走不走？走不走？"母亲则手扶车把，默不作声。有人说这个女孩要求妈妈给她买手机，妈妈没给她买，女孩就发疯了。看来女孩太不懂事，为一部手机就当街殴打母亲。

然而事实是：女孩提出买手机，母亲同意赞助 2000 元，剩下的 4000 元要女孩自己打工赚取。女孩攒够了 4000 元，要求母亲兑现承诺时，母亲反悔了。她不仅拒绝出这 2000 元，还要收走女孩自己攒的 4000 元。女孩抗议母亲言而无信，母亲就指责女儿不懂事，不理解家庭困难，奢侈浪费。看到有人围观，母亲反而不愿意走了。周围的人开始批评女孩。母亲本来知道真相，却选择默不作声，任由他人攻击自己的女儿，让自己处于更有利的地位。女孩被母亲激怒，情绪激动，语无伦次，只能要求母亲离开。

事情的起因是母亲出尔反尔，还要制造女儿"不懂事，不孝顺"的现场，让不明真相的他人替她教训女儿。就算这个家庭真的承担不起给女儿买 6000 元的手机，她也可以通过其他方式跟女儿沟通，解释，她却选择了这么残忍的方式。

所以，有时候那个看起来愤怒疯狂的人，反而是受害者。这就是反应性虐待最匪夷所思的地方。

反应性虐待为什么这么伤人

反应性虐待的伤害性在于：施虐者日积月累的恶劣行为让受害者忍无可忍，当受害者愤而反抗时，施虐者又率先抢占受害者的位置，向受害者发出控诉，指责真正的受害者小题大做、无理取闹。

两个人相处中发生的恶劣事情，只有当事者知道全部真相。当一方打定主意隐瞒真相、颠倒黑白，表现得冷静又无辜，那么另一方就没有办法当场揭穿对方，又气又急，情绪失控是必然的。这正给了施虐者充足的理由，来指责受害者"疯狂""不可理喻"。

1. 故意激怒，倒打一耙

自恋者喜欢采用冷暴力对待"不驯服"的伴侣，直接关上沟通的大门。两人问题积累日久，伴侣不断要求一个沟通的机会，自恋者却一再拖延、回避，拒绝沟通。这种态度其实就是在羞辱对方，伴侣势必积累出很多不满和愤怒。当伴侣以激烈的态度要求自恋者回应时，自恋者再倒打一耙，指责伴侣"疯了""无法沟通"，扮演忍气吞声的受害者。受害者情绪崩溃，更坐实了自恋者的诬告。

2. 暗中威胁，公开否认

曾有一位在公众面前表现良好的国外男明星被曝对前妻实施自恋虐待。其中有一个细节，前妻说男明星曾经多次在私下里讲自己背景有多厉害，要她小心一点。新闻报道了这件事，男明星又出面否认自己说过这种话，并且说前妻是在胡编乱造，她的脑子坏掉了。

其实，前妻完全没有必要编这种细节来抹黑他，因为他所做的其他事情也比较恶劣。然而，没有对证，他就可以公然否认。有误会就解释，有矛盾就谈清楚，这是正常人沟通的方式。相反，那些回避真正的问题，喜欢诬赖对方"发疯"的人，多半是在掩盖真相。

3. 你知我知，恶意摧残

自恋者会在公开场合用只有两个人才能理解的方式触发受害者

不好的回忆，摧毁受害者的精神。当受害者质疑时，他再矢口否认。

有一名自恋者因为背叛女友被发现，女友随即提出分手。自恋者不甘心，就用女孩曾经用过的网名编造恐怖故事，并配上较血腥的照片，用网络小号在女孩的社交媒体下面留言，然后再登录自己的账号，假装不知情，劝女孩大度。而故事和照片涉及的恐怖之处，是两人交往中女孩透露给自恋者个人的，别人并不知晓。自恋者通过这个方法报复女孩，还把女孩的生日、住址等细节嵌在恐怖故事中，以引起女孩的恐惧。女孩比自恋者小 20 多岁，本来就是承受了很多精神折磨，才提出分手的。结果自恋者不露痕迹地恶意报复，让女孩精神崩溃，差点自杀。当时，自恋者身在外地，意识到他的鬼把戏可能真的会惹出大祸，情急之下请求当地的朋友帮他确认女孩安全，这件事才暴露出来。

所以，我们可以看到，构成反应性虐待的几个要素如下。

1. 施虐者的故意伤害

施虐者的恶劣行为是既成事实，已经给对方造成精神伤害，所以他迫切需要转移视线，推卸责任。

2. 关键信息出现在私下场合

施虐者只要铁了心否认事实，公开爆发的矛盾就会演变成死无对证的局面。

3. 施受害双方位置的颠倒

施虐者恶意歪曲事实，将受害者情绪失控的表现指责为对自己的迫害。

4. 不知情者的围观参与

在反应性虐待中，围观者被施虐者操纵，用来打击受害者。

如何应对反应性虐待

反应性虐待看起来是在短期内发生，实际上却是受害者长期堆积的情绪被瞬间点燃的结果。所以，应对反应性虐待，也需要着眼于平时的沟通。

1. 表明态度而不是倾心交流

自恋者对于真正的亲密感是抗拒的，所以寄希望于他被说服、改善态度是不现实的。我们跟自恋者的沟通可以停留在"公事公办，点到即止"的程度，而不追求他会认同你，甚至都无须计较他是不是口头承诺能做到。你只需明确地告诉他，"我对这件事的要求是什么，如果你做不到我会怎么办"，然后照你说的做就可以了。

如果他讨价还价，不要接茬跟他讨论，他这是在试图激怒你，让约定失效。你可以按照约定坚决兑现，并且不需要做解释、说服的工作，因为对自恋者来说，讲道理和共情都是没有意义的，他只想制造一个机会把你拖进情绪的陷阱。如果发现你不上钩，他也就无计可施。

你只有接受与自恋者的沟通不是那么顺畅、舒服，不像和其他人那样自然、和谐，才能避免被自恋者情绪操控。如果你追求跟自恋者倾心交流，不能忍受鸡同鸭讲的尴尬，必然要不断妥协，放弃自己的原则。

2. 对自恋者的暗示、威胁保持钝感

为了操纵伴侣，自恋者平时会有意无意地安下一些"钉子"，如暗示他有黑道关系，会威胁你的人身安全，等等，都是很常见的操作。自恋者这么做的时候，会观察你的反应。如果你表现出震惊、愤怒、恐惧等态度，他就知道你是在乎的。日后，他还会在这方面继续强化，给你造成更多压力。但是，他会小心地不留下可供追寻的证据。一旦你拿出这些私下信息和他当众对质，他会马上矢口否认，指责你无理取闹。

所以，明智的做法就是对他的故弄玄虚不予理睬，假装听不懂；或者用开玩笑的方式应付过去，都是可以的。总之，他看到你根本不在乎这件事，就不会利用它来制造冲突，倒打一耙了。

3. 指出事实，而不是辩论细节

如果你已经置身于自恋者反应性虐待的现场，这个时候保持完全的冷静是很困难的。然而，你仍然需要意识到此时此刻正在发生什么，你的爆发是自恋者将战火烧向你必不可少的导火索。如果你意识到自己正处于失控的边缘，你可以采取一些放松的措施来缓解高涨的情绪。只要你的反应和自恋者的操纵"不同频"，哪怕只相差几秒钟，反应性虐待就无法完成。

你可以指出"你在颠倒黑白"，而不和他纠缠细节；也可以打断他试图引导舆论的过程。反应性虐待看起来很邪恶，但也不是每次都会成功。事实上，对于那些不在乎自恋者的人来说，自恋者的花招在大多数时候都是无效的。

三角测量——借助他人施压

对自恋者来说，任何人都可以用来谋取现实利益。借助他人向目标人物施压，是自恋者常用的手段。

雅萱结婚的第十个年头，终于下定决心和丈夫离婚。直到一年多之后，雅萱才开始从那段令人窒息的关系中慢慢恢复，可以断断续续回忆起当时的经历。

雅萱一直觉得，他们的婚姻不是简单的二人世界。在他们夫妻之间，一直有其他人顽固地存在着，尽管他们并未真正介入二人之间。当前夫对雅萱不满意时，他就会说前妻多么温柔顺从，送给自己的礼物多么贵重，前妻是对自己最好的女人，仿佛他之前的婚姻不是惨淡收场的一样。

他还会在冷落雅萱的时候，跟自己的孩子打很长时间的电话，说出各种温柔疼爱甚至肉麻的称呼。而他的孩子已经快成年了。雅萱可以确认，前夫与前房子女的关系并不好，好几年都没有见过面，根本到不了如此亲昵的程度。他就是在利用孩子来疏远和刺激雅萱，让她觉得自己低人一等，需要乞求他的爱。

夫妻二人一同出席朋友的聚会，前夫会对其他女眷殷勤备至，却对雅萱疏忽冷淡。雅萱觉得那是一种毫无必要的殷勤，就是为了制造出一种他很受欢迎，而她被鄙视的落差。雅萱确认自己的感觉并不是吃醋，因为被献殷勤的女士都是前夫随机挑选的，他们并不熟悉。那位女士也被这突如其来的热情搞得有点糊涂。

有一次，在两个人发生矛盾的时候，雅萱忍不住提及这些事，质问他自己到底做了什么事，他要这样对待自己。而前夫板起脸来，用冷漠轻蔑的口吻说："因为你就是一个不值一提的女人。"雅萱悲愤莫名，情绪陷入崩溃。

在他们离婚的过程中，前夫又在雅萱的亲友中间玩弄这一套。他给雅萱的亲友买礼物，亲切地称呼他们，为他们做饭，打扫房间。实际上，他们结婚这十年，前夫都没怎么见过雅萱的亲友，忽然就变得这么热情。而雅萱进来的时候，前夫也毫无反应，他挽着长辈坐下，亲切地拉家常。雅萱只能尴尬地站在一旁，像个局外人。前夫走后，长辈就会关切地对雅萱说："我看他挺好的一个人，你们有什么矛盾，能不能好好谈一谈？"

与前夫相处日久，雅萱已经很熟悉这一套把戏。他不仅对自己这样，对他公司的员工也是抬一个压一个，搞得大家都很紧张。一次，雅萱参加他们公司的年底团拜，亲眼看到一个女职员站在角落里抹眼泪，而前夫拉着一个连名字都不熟悉的新员工谈天说地，热情过度。雅萱听到其他员工只言片语的议论，那个被冷落的女职员是一个部门的负责人，因为工作上意见不一致和他吵过架。女职员想借团拜的机会跟他解释，希望能化解矛盾，没想到前夫根本不给她这个机会。当时女职员端着酒杯过来给他敬酒，前夫就像没看见一样，突然起身走到新员工身边，把女职员丢在原地。

他人只是一颗棋子

　　自恋者热衷于制造三角关系，将在场和不在场的人拉进来充当棋子，通过向其他人示好，或故意宣扬其他人对自己的好处，来向他真正的目标施压，以此凭空制造一个自己处于高位，而别人都在争夺自己宠爱的局面。这种做法就叫"三角测量"。

　　三角测量的唯一目的，就是向被测量者施加压力，使其处于关系中"随时被冷落或抛弃"的位置，以此要挟对方在关系中做出更多让步，为自己谋取更大利益。这种临时的竞争关系本质上是虚假的，只是为了让被测量者感到冷落、羞辱，不敢再维护自己的权利，力图与自恋者保持平等。

　　通常，被自恋者拉进局中的"第三者"并不知情，只是无意中充当了向被测量者施压的棋子。有时，自恋者对某颗棋子利用得多了，这个人也会产生错觉，觉得自己真的受到重视，跟自恋者有特殊的关系。但是他迟早会发现并不是那么回事，因为跟自恋者走得近的人，都有机会被三角测量。

　　在自恋者心目中，世界是围绕他来运转的。这不仅是一种观念，更是他努力追求的现实。在拉一个踩一个的游戏中，自恋者体验到操纵他人的快感，一再巩固他的特权感。一个自恋者可能在生活中只是一个普通人，却可以通过这种小把戏将自己置于人群的中心。

　　这种情形让你联想到什么？你有没有见过小孩子利用亲友之间

的信息差来获得好处？阿姨送了一个变形金刚，但是舅舅刚送过新款的游戏机，姥爷答应带我出去旅游，你们都要竞争谁更爱我。自恋者的三角测量，就类似这种把戏。对于小孩子的诡计，人们通常笑一笑就过去了。但是你想不到一个成年人也会热衷于这样做。

被测量者为什么会屈服

细分起来，三角测量可以分为以下两种情形。

1. "因为其他人服从我，所以我才对他们这么好"

2. "如果你服从我，我就可以对你态度好一点"

在第一种情形中，自恋者运用的是正强化，将其他人的行为定义为榜样，鼓励你向他们学习。如果你做到了，他就会"对你好"，也就是暂时能像普通人相处时那样对你。所以这是一种奖励机制。

在第二种情形中，自恋者运用的是负强化，也就是降低对被测量者的惩罚程度，诱使你做出他期待的行为。所以，负强化之前，必须先有一个惩罚行为——大发雷霆、辱骂威胁、诽谤攻击等，以制造强烈的恐吓。然后再表现出态度和缓，被测量者就会因为恐惧惩罚而乖乖就范。所以这是一种惩罚机制。

20 世纪二三十年代，行为心理学家们的某些研究成果曾经在教育领域里风靡一时。所谓正强化、负强化的概念，就是从那个时候起流传开来的。行为心理学家通过研究动物面对奖励和惩罚的反应方式，将其引申到教育领域，通过简单的奖惩机制，来引导出受教育者良好的行为。

后来，这种简单的做法受到越来越多的质疑，因为它忽视了人与人之间情感的作用，把教育者和被教育者对立起来。

但是，正强化和负强化的概念，却给我们打开了一个理解人类行为的窗口。无论是在教育领域（包括家庭教育），还是在社会生活中，强化作用都在潜移默化地影响我们的行为。你可以看到父母许诺孩子成绩好就奖励他想要的东西，也可以看到父母威胁拿走孩子的玩具，或者取消某项娱乐，来让孩子遵守规矩。公司给表现良好的员工发奖金，业绩差的员工被扣发奖金。

可以说，我们每个人都被奖励和惩罚过，我们的心里早就形成了一套对应的反应机制。所以，当自恋者玩弄三角测量，临时制造出一个奖惩机制时，人们心里那套熟悉的、固有的程序就会被激活。其实，自恋者拿来当奖品的事情，或者他的惩罚手段，都是可笑的，但是因为内在机制的相似，很多人还是会上当。

如何应对三角测量

1. 意识到三角测量是自恋者一个人的游戏

任何游戏能够成功，离不开其他人的参与。我们默许自恋者有权利发出奖励和惩罚，也就等于接受邀请参与到游戏当中。当自恋者进行三角测量时，他实际上在说："我们来玩一个大家都对我好的游戏，你参加吗？"如果你不想被测量，就无须理睬他的邀请，因为他是这个游戏唯一的获利者。甚至你都不需要告诉他"你这么做很荒谬"，只要你不当回事，就足以让自恋者泄气。试想，自恋者突然当着你对某个不相干的人献殷勤，而你只是微微一笑，那么自恋者会如何反应？

2. 意识到自己的缺失

你之所以对自恋者的测试感觉愤怒，是因为他拿来做奖品或惩罚措施的东西，正是你在意的。比如在群体中被孤立，成绩被抹杀，被人诬告，等等。自恋者在观察他人弱点方面反应机敏，因为利用别人的弱点来操纵他人，会给他带来额外的好处。你甚至可以想象，他对每个认识的人都建立了一个"弱点档案"，只等有机会来利用它们。所以对自恋者来说，三角测量就是为你量身定制的一套奖惩机制。

每个人的成长过程中都会有遗憾和缺失，有的人曾被伙伴孤立过，有的人很少被父母鼓励，有的人遇到过不公正和羞辱。所以，意识到自己的缺失，有助于我们觉察自己在被测量时的反应，我们也就有了选择的自由。

3. 降低对自恋者的期待

自恋者无法给予他人恰当的认可与肯定，因为他们自己就缺乏这些东西。你不能向一个穷人要求施舍。自恋者认为"要我认可你，你必须交出足够的筹码"，因为他的父母就是这样养育他的。他学会了用这种方式来要挟别人，为自己谋取利益。所以，不要把自恋者的认可看得那么重，他并不是他臆想中的权威，尽管他摆出的姿态是那么像。

煤气灯操纵——暗中捣鬼，扰乱认知

在自恋者伤害亲近的人所惯用的几个方法中，最出名、最典型的要算是"煤气灯操纵"了，简直可以看作识别自恋虐待的典型依据。一个自恋者没有对人使用过煤气灯操纵是不可思议的。

"煤气灯"这个词来自好莱坞黑白片时代的一部著名电影《煤气灯下》。在这部电影中，男主角为了谋取妻子宝拉继承的巨额遗产，对妻子实施精神控制，想把妻子逼疯，送她进精神病院。为了逼疯妻子，他采用了以下这些方法。

（1）当着妻子的面把东西放进妻子的提包，再偷偷取出，然后再当着他人问妻子要这件东西。妻子去包里找没有找到，很疑惑："东西明明放在包里的。"男主角做出遗憾和关心的表情："亲爱的，你真的太累了，你需要休息。"暗示妻子脑子出了问题。

（2）在煤气灯上做手脚，妻子明明看到煤气灯忽明忽暗，向丈夫指出这一点，但是丈夫却说一切正常。丈夫修好煤气灯后，再向众人强调妻子精神恍惚。

（3）扮演体贴的丈夫，跟佣人说自己担心妻子的健康，引导佣人在外谈论女主的精神问题。

到了后来，连宝拉自己也在怀疑自己哪里出了问题，为什么会看到别人看不到的东西。

这样周密的设计，貌似宝拉很难逃脱，只能疯掉。幸好私家侦探找到男主角在煤气灯上动手脚的证据，顺藤摸瓜，证实男主角正是谋杀宝拉姑妈的凶手。当年因为时机不巧，男主角还没有来得及盗取珠宝，就被迫逃走。为了得到这份巨额遗产，他设计接近宝拉，娶她为妻，然后再逼疯妻子，谋夺巨额遗产。

后来，人们把这种故意扭曲事实，制造假象，扰乱对方认知的手法叫作"煤气灯操纵"。它是精神虐待爱好者惯用的一种精神控制手段。操纵者试图让你相信你记错、误会或曲解了自己的行为和动机，从而在你的意识里播下怀疑的种子，让你变得脆弱而困惑。

经典的煤气灯操纵，离不开下面这些要素。

（1）对事实的公然否认。

（2）偷换概念，转移话题，甚至构建虚假的事实。

（3）用贬低、质疑、否定的态度扰乱对方的认知，使其自我怀疑。

煤气灯操纵经典场景举例

伴侣：跟你在一起这么些年，得不到你的任何帮助、回应，有困难都指望不上你，什么事情都是我自己解决。因为跟你在一起，我的独立能力都提高了。

自恋者：独立自主，这是好事呀。

伴侣：（情绪崩溃）你的心是铁打的吗？你还能不能说人话了？

自恋者：你总是这样歇斯底里，我没法跟你沟通。以后不要这样了。

这一段微型剧本，就是一次典型的煤气灯操纵的过程。

伴侣的第一次发言，是在遭到自恋者长期忽视、拒绝之后发出的抗议，要求自恋者承担责任，给自己情感的回应。这个要求是完全合理的，现实也是存在的。可是自恋者完全无视核心问题，抓住伴侣的抱怨——"独立能力提高了"，将话题转移到"独立能力提高是好事"这个看似正确，但与场景无关的命题上面，将自己冷漠、不负责任的缺点包装成"有益于对方成长"的优点。利用对方言语中的片段信息，"以子之矛，攻子之盾"，自己轻松脱身，让对方陷入混乱。

因为严正交涉和抗议被对方故意曲解，伴侣陷入情绪崩溃。自恋者正好借机指责伴侣才是破坏关系的人，将所有责任都推在对方身上。

我再举一个生活里常见的场景。

伴侣：今天你必须给我个说法。

自恋者：你能不能别再纠缠了？我很忙，工作累了一天，我需要休息。

伴侣：上次你答应我一个礼拜之后谈，现在已经十天了，你什么时候才能不回避问题？

自恋者：我们之间的问题就是你神经过敏，总是没事找事，无理取闹。

伴侣：我无理取闹也是被你逼的！

自恋者：你精神有问题，我不跟你讲话。

在这个例子里，自恋者长期拒绝沟通，逼得伴侣以最后通牒的方式要求对话。然而，自恋者却直接绕过了真正的问题——伴侣的合理要求长期被无视，然后抓住伴侣要求对话的坚定态度，将其歪曲为"纠缠"。并扮演"被步步紧逼，一忍再忍"的受害者，试图通过制造愧疚而脱身。

注意到这里伴侣并没有后退，而是继续要求对话。自恋者再次将问题引向伴侣，指责其"神经过敏，没事找事"，终于将伴侣逼得情绪失控。

下一次伴侣提出必须谈一谈，自恋者就会拿这次的结果做理由："每次一谈事情，你就情绪激动，大嚷大叫，叫我们怎么沟通呢？"而伴侣也会觉得："是啊，每次都搞成这样，可能我真的有情绪问题。"殊不知，伴侣的情绪反应，完全是自恋者煤气灯操纵的结果。

如果你作为旁观者看到这一幕，你也可能认为那个情绪失控、语无伦次的人在胡搅蛮缠，而冷静、耐心的自恋者才是受害者。被煤气灯操纵的人，忽然发现自己成了他人眼中的坏人，那种愤怒、无助，你能想象到吗？

为了搞乱你，自恋者可以做任何事

相比普通人，自恋者内在的协调程度要低得多，你的平静、自洽对他是一种威胁，所以他会想方设法刺激你的情绪，扰乱你的认知。搞乱别人，自恋者才可以获得平静。所以，对于煤气灯操纵，自恋者可谓无师自通。

在普通人的生活中，偶尔说错话，出点糗事再正常不过。人们友善地对待自己身边亲近的人，把他们偶尔的口误、出糗看作生活中的情趣。而在自恋者看来，这正是打压你的好机会。他会夸大你的失误，故意挑起争端，甚至不惜鸡蛋里挑骨头，向众人证明你的愚蠢。他那种兴奋和好斗的表情会给你留下深刻的印象，仿佛他等待这一刻已经很久了。

他会在你获得荣誉的时候，刻意谈论这个领域里了不起的人，以此贬低你的成绩。当你表示质疑，他又会说你骄傲、自大。其实这正是他嫉妒心理的反映。

自恋者在处于不利地位时，会突然说些让人摸不着头脑的怪话。这些话，有的是他通过观察觉得你会在意的，有的纯粹就是临场发挥，临时救急。因为普通人说话都是要表达有意义的信息，是为了促进交流，而自恋者说这些话，是为了扰乱别人的判断，他好趁机脱身。

自恋者会重复你的观点，然后用激烈的语气批评你这个人。他这种胡搅蛮缠的态度会激起你的愤怒，和他对质、辩论。你觉得你是在揭露他的无耻，但是他会心平气和地和你较量，根本不在乎自己前后自相矛盾的说法。这时候在旁观者眼里，你才像那个思维混乱、蛮不讲理的人。

防御的反应总是快过深思熟虑。自恋者很多时候显得口才出众、反应敏捷，正是因为他更多时间处于防御状态。为了保护自己，一通乱杀，把周围环境搞乱，他才能重获安全。煤气灯操纵，可以说是自恋者的本能反应。

如何应对煤气灯操纵

1. 保持清醒的自我认知

无论你身边是否有自恋者，你都要保持清醒的自我认知，不因为他人的强行定义而自我怀疑。你可以把对自己的认识写下来，因为书写会让人保持冷静，更全面、更积极地看待自己。你也可以向那些平时相处融洽的人征询意见，看看他们是怎么看待你的。你会发现在大多数人眼里，你比自恋者形容的要积极、正面得多。

2. 意识到正在发生的事情，避免情绪操控

你要明白，自恋者并不在意事实本身，他在意的是他的说法在你身上激发的反应。你的混乱、哭泣、叫嚷，都是他乐于看到的。他需要借此摆脱责任，并从你的烦恼中汲取快乐。自恋者在玩弄煤气灯时的确很得意，他明知道自己在狡辩还坚持这么做，看清这个事实真是让人难过。

你可以提醒自己"他正在对我干坏事""他的目的就是搅浑水""他正期待我情绪失控"。这样可能会有助于你对自恋者的行为保持清醒，而不至于被其操控。

3. 关注真正的问题，不理睬他的胡言乱语

记住你们刚才在讨论什么，而不是被自恋者引导去谈论无关话题。他之所以搞这么多搅浑水的把戏，正是为了逃避真正的问题。所以，放弃争论细节，可能是一个积极的选择。

你也可以指出"你正在谈无关的事"，让他回到真正的问题上来，而不必深究他的动机。往往自恋者看到你没有被操控之后，也会意兴阑珊。这已经是很好的结果了。

贬低和打压——摧毁自尊的手段

自恋型关系中充斥着负面的语言、贬低性的评价、嘲讽和打击。自恋者可以在公开场合彬彬有礼、热情谦和，却在私下里对伴侣恶语相加，摧毁其自尊。

文翰和雨婷分手时，亲友们都觉得不可思议。在他们看来，文翰显然是更优秀的那一个：名校毕业，性格阳光，在大公司做中层，父母都是知识分子。雨婷只是文翰公司下游供应商的业务员。文翰当初因为给休假的同事代班，才认识了雨婷。没想到就此被"套牢"四五年，最后还是被莫名其妙抛弃了。

分手之后，文翰的日子过得浑浑噩噩，无精打采。一次，他被拉去参加同学聚会——以前和雨婷在一起的时候他很少参加这种活动。几年未见的一位老同学发现文翰的状态很低落，在大学里开朗爱笑、自信乐观的文翰像换了一个人，少言寡语，情绪低落。聚会之后，老同学邀请文翰单独聊聊。这一聊，老同学发现了问题，就提醒他："你不是遇到 NPD 了吧？"

回到家里，文翰越想越不对劲，上网一搜，心里才渐渐透亮：

原来雨婷真是个自恋者！

文翰想起他们在一起的时候，雨婷就经常贬低和打压他。她嫌弃他走路的姿势、穿衣的习惯，嘲讽他的口头禅，给他起很多绰号。如果他表示不快，雨婷就说他小心眼儿，不禁逗。

她总是有意无意地拿文翰与别人比较，强调别人的优点，批评他的缺点。就算文翰遇到值得高兴的事，雨婷也能找到独特的角度对他旁敲侧击。这些话当时听起来似乎没什么问题，但事后细想却是"杀人诛心"。它们都暗含着同一个逻辑——"你没什么值得自豪的"。

雨婷的父母开了一家小公司，在雨婷嘴里就成了成功人士、社会精英。文翰后来觉得，雨婷并没有多敬重她父母。他看过雨婷和母亲吵架，都一副要吃了对方的样子。她在自己面前立大家千金的人设，就是为了打压自己。

雨婷的贬低和打压渗透在两人相处的很多细节中，让人防不胜防。到现在，文翰闭着眼睛还能回忆起雨婷皱着眉头、撇着嘴的样子和她嫌弃的眼神，仿佛在看什么恶心的东西。

雨婷和文翰说话喜欢以"不"开头，习惯先否定文翰的观点，再说自己的。文翰有时觉得，雨婷压根就没仔细听自己在讲什么，因为她在"你说得不对"之后讲的话，和文翰的说法并没有多大差别。

只要雨婷觉得不满意，雨婷就给文翰下论断："这事不适合你做""你就是不把别人的事当事""你就是得过且过，不求上进"，等等。而引出这种话的，都是生活中的一些小事。

文翰是个很自律的人，雨婷指出他的缺点，他就尽心尽力改正，希望能得到她的肯定。然而这种肯定迟迟没有到来。在恋爱的后期，文翰患上了焦虑症。他经常失眠，身体也出现了问题。

永远觉得你不够好

自恋者寻找伴侣，是为了寻找一个完美的人。这个人必须 360 度无死角地完美，承担得起所有人的审视，因为自恋者需要伴侣的完美来抬高他自己的形象。然而，世间并没有完美无缺的人，当自恋者发现伴侣身上的缺点时，他会感到非常恼火，无法接受。他挑剔、批评、贬低，怎么看你都不顺眼。只有这样才能填满他心底自卑的深坑。跟自恋者在一起，就不存在"做自己"这回事。你必须小心翼翼，不要威胁到自恋者对自己的完美幻想。

有一个热播综艺节目，素人主妇麦某的风头压过了两对有流量的夫妇，成了网友热议的话题人物。很多网友表示，麦某在节目中的表现让自己看了堵心。又有人吐槽，自己生活中也有麦某这样的女性：自我感觉良好，却会对身边人抱怨不已，仿佛受了天大的委屈；对自己的缺点毫无觉察，却天天揪着别人的小毛病不放。麦某的"雷语"之一就是，李某送礼没有送到她的"心趴"上，翻译过来就是"没有让我完全满意，你就是不在意我、不尊重我、不爱我。"

问题是，怎样算是"送到'心趴'上"，麦某并没有明说。她只是通过不断否定李某的做法，来占据道德上的高位，让李某生活在愧疚中，努力猜测她的真实想法。李某只能忙于讨好她，这样也就顾不上想她的要求是不是合理的，自己有没有得到足够的尊重。

自恋者对别人的挑剔完全是随心所欲的，标准是模糊不清的。这会让他的伴侣摸不着头脑，随时战战兢兢。他很喜欢说的一句话就是："我的想法你还不明白吗？"语气在惊讶中包含责备，仿佛你不是他肚里的蛔虫，就犯了天大的错。

无所不在的挑剔、贬低、责备，对人自尊心的打击很大。很多网友为李某抱不平，觉得他一个华中科技大学毕业的才子，却被麦某这个学历不高的全职主妇拿捏，这太不可思议了。然而，网友却没有看到，天长日久的抱怨、批评，已经慢慢消磨掉李某在婚姻中的活力，让他的生活标准降至只要"不犯错"就可以得到和平的水平。

他用自己的缺点指责你

别看自恋者对别人意见多多，总是一副难以满足的样子，但他对你最严厉的指控，却是他自己的缺点。本来他自己脾气差，人缘不好，经常跟别人闹僵，却喜欢指点你怎么搞人际关系；本来他自己眼高手低，工作拿不起来，却批评你能力不行，一事无成；本来他自己无法自律，花钱大手大脚，却责怪你不懂持家，奢侈浪费。他用来怪罪你的，全都是他自己看不见，也无法接受的缺点。

奇怪吗？其实这里面有个很有意思的心理机制，就是投射。

所谓投射，通俗点讲就是把自己的想法强加给别人，觉得别人就是自己想的那个样子。我觉得你懒你就是懒，我觉得你不行你就是不行，除此就什么都看不到。比如说自恋者经常跟别人闹矛盾，真相就是他做了损害别人的事，别人才对他不满。可是自恋者缺乏反省能力，把事情的责任都推到别人身上。他自己花钱没有节制造成财务困难，他不愿意面对这是他自己造成的困境，反而对伴侣的合理花费说三道四，怨气冲天。

自恋者因为无法承担自己的缺点，习惯性使用心理投射，通过责怪别人来获得心理平衡。所以，你也可以这样理解，自恋者怒气冲冲、不停挑剔的时候，他是在嫌弃他自己。在天长日久的心理投射之下，人们对自己的认识会产生动摇，逐渐接受甚至认同自恋者对自己的贬低。这种状态，就叫作"投射性认同"。也就是说，自恋者以为你是什么样子，结果你真的认同自己是那个样子。

如何应对自恋者的贬低和打压

1. 学会辨别批评与贬低

你或许接受过这样的教育——"人不应该骄傲自满""人应该保持谦虚谨慎"，让你觉得自恋者批评你是为了帮助你进步。但是，真正的批评针对的是一个人的错误，而自恋者的贬低是在否定你这个人。"你不够好，所以你做的很多事都是错的""只有你才会做出这种事"，这绝不是批评，而是贬低。

真正的批评只会就事论事，而不会不断扩大议题。如果一个人在"批评"你时喜欢无限上纲上线，那么他的目的不是帮助你，而是贬低你。

真正的批评中包含善意的期待，而贬低只会让人自惭形秽。尊重自己的感觉，别被花言巧语的贬低迷惑。

2. 找回真实的自己

自恋者的贬低、打压以及背后的心理投射，为你营造出一个混沌而虚假的世界，让你看不清真实的自己。你可以列出自己的优点、业绩和那些值得自豪的事，要尽可能多。当你觉得沮丧、茫然时，就拿出来看看。其实你有很多长处，这让你在工作、生活中获益良多。你需要保持清醒的判断，参照通常的标准来评价自己的行为，而不是听信自恋者的一面之词。

3. 减少无意义的反思

心理投射能够发挥作用，离不开被投射者的"合作"。生活在一个自恋者身边，习惯反思的人会试图理解自恋者的逻辑，因而更容易接受消极的暗示。相反，那些大大咧咧、反应慢半拍的人，反而更少受到消极的暗示。对自恋者的责备保持钝感，不去玩"你摆脸子我来猜"的无聊游戏，就可以减少对自己的消耗。要记住：自恋者贬低你是出于他的本性，而不是你真的有问题。

4. 表达你的意见

告诉他"你说的并不是事实""我不喜欢你这样说"，而不是跟自恋者讨论你的感受，因为他对此并不关心。跟他争执他的态度，只会演变成一场混乱的争吵。或者，你也可以选择离开。

限制和孤立——无形的囚笼

与自恋者结成亲密关系的一个严重后果，就是逐渐损失原来的社会关系，变得越来越孤立。

梦洁的孩子已经上大学了，然而她的生活圈子仍然十分狭窄，甚至不如孩子在家的时候。那时候，还有孩子升学的事情占用她的精力和头脑。现在，梦洁下班除了回到家里，也不知道该去哪儿。她没什么朋友，亲戚也很少走动，同学群里几次组织聚会，她都推掉了。

老公在家的时候少，在外的时候多。就算老公在家，两人也很少交流。然而他们共同居住的那套房子，就像有一根无形的绳子，牵着她往回走。房子的装修布置都是老公一人做主，家里的活动也是他一手安排。家里大部分东西都是为他服务的，饭菜都是他喜欢的口味，连电视锁定的频道，都是他最爱看的。他的声音、味道、神态、语气充斥房子的每一个角落，梦洁甚至找不到一个完全属于自己的空间。

梦洁年轻时可不是这样。她性格活泼，所以人们都喜欢跟她来往。下了班，和同事聚个餐；周末节假日，去看看父母；遇到同学来本城出差，也可以聚一聚。可是自从遇到老公之后，这些社交活动就越来越少。不知不觉间，梦洁的生活就局限在以老公为中心的小圈子里了。梦洁很想弄清楚她的生活是怎么变成这样的。

她想起年轻的时候，她和老公回家看望自己的父母，却遇到老两口在生闷气。梦洁的父亲一直在家里说了算，母亲本来是让着他的，这回却开始和父亲叫板。老两口你一言我一语，谁也不让谁。梦洁劝了几句也不管用，还被父亲说了几句。老公就势把梦洁拉走了。在回家的路上，梦洁还在为父母担心，好长时间默不作声的老公忽然来了一句："你没有发现你是你们家最不重要的吗？"梦洁愣住了。老公又添了一句："他们什么时候听过你的意见？你们家什么事是你能决定的？"

梦洁以前跟老公说过，考大学报志愿都是父亲替他决定的，自己高中时候喜欢看的书，也被父亲扔了。她曾抗议过，却被父亲压制下来。母亲虽然对父亲不满，也劝梦洁听父亲的话。这些陈年旧事被老公重新提起，再配合着这时的心境，梦洁也觉得老公说得有道理。

还有一次，梦洁在单位受了点委屈，回家跟老公讲。老公皱着眉头听完了，冷不丁说了一句："你们单位这些人不简单啊，你被人玩了还不知道。"然后不厌其烦地分析每个人的动机，连梦洁没有注意到的细节都拿出来反复推敲，挖掘话外音，推理假设，听得梦洁冷汗直冒："人哪有那么复杂？"老公看着她摇头叹气："像你这种头脑简单的人，怎么能处理这么复杂的关系？"

恍惚之间，梦洁觉得老公对她在单位受委屈这事比她还重视，甚至可以用兴奋来形容，这倒是很少见。"你呀，要是有我一半的警惕性，也不会遇到这种事。现在这个世道，谁还像你这么傻乎乎的，什么都跟人说？""你的那点心思，什么能瞒得了别人？也就是我还包容你，但凡我有点歪心思，你不知道死几回了！"

在自恋者眼中的世界里，他是唯一的王者

自恋者对身边人遇到人际关系问题时的热情，并不是出于对别人的关心。真正让他感到兴奋的，是可以利用这个机会离间身边人与其他人的关系，破坏他们的社会支持系统。因为身边人与其他人关系密切，就不会完全以自恋者为中心，全心全意为自恋者服务。人们遇到人际关系矛盾，情感上脆弱，认知上也容易动摇。自恋者此时介入其中，容易让身边人理解为关心和支持。

然而你仔细观察他的表现，就会发现他的异常之处。真正关心和支持你的人，容纳你的情绪，理解你的感受，希望帮你度过困难时刻。他们既关心你的感受，也关心你与其他人的关系，因为他们愿意你有和谐的人际关系，得到更多支持。你也一定会感受到他们的温暖和善意。

而自恋者的"关心"却让人觉得可疑。因为他好像更乐于见到你与他人的矛盾扩大，而不是得到化解。他会用刻薄的言语抨击那个和你发生矛盾的人，粗听起来好像站在你这一边，替你出气。然而他的语气和用词，都有点过分，甚至不符合实际。看在他支持你的份上——他这种表现可不多见，你放下这份疑虑，宁愿相信他是真的关心你。

更可疑的是，他慷慨激昂的话语，到最后总会得出类似"你好

惨，没有人爱你，只有我还要你"这样的结论，让你在情绪低落的时候产生这样的错觉：这个人真的在乎我，愿意无条件支持我。

然而事情的真相是，他正在离间你与他人的关系。他希望你身边的社会关系越来越简单，直到完全以他为中心。你和别人起冲突，他真的会幸灾乐祸。

他会发脾气，说你朋友的坏话，阻止你和亲人和好，不希望你出去工作。当你与自恋者形成密切的关系，你的社交范围会逐渐缩小，直至陷入社交孤立的状态。然而与此同时，自恋者的社交生活并没有受到影响，甚至还可能扩大。自恋者会以此来印证"你不受欢迎，你没人爱"的观点。殊不知，这其实是自恋者对你实行社交孤立的结果。你虽然生活在真实的社会中，却像生活在覆盖着玻璃罩的孤岛中。你可以看到其他人，却无法和他们发生真实的联系，他们也不知道你在经历什么。

摆脱"社交孤岛"

社交孤立的最大害处，是无法得到更多的社会支持，你只能通过自恋者间接地与这个世界发生联系。

我们无法从自恋者那里得到真正的理解和支持。自恋者选择恋爱、结婚、交朋友，是希望有稳定的供养者。借助贬低身边人，自恋者获得他随时需要的优越感；借助投射，自恋者把自己糟糕的一面转嫁到别人身上。你要为他服务，成为他顺手的工具；你要随时关注他、赞美他，使他获得优越感，避免空虚无聊……可以说，被自恋者选中，是因为你是能更好地满足他需要的人，而不是出于对你的理解、关心、爱护。所以，自恋者寻找伴侣的过程，具有狩猎的性质。因为你对他的意义是物化的，你在他心目中并不是作为一个独立、有血有肉、有感情的人而存在，而是若干好处的集合。所以，如果你的生活完全以自恋者为中心，而没有其他社会支持，你将无法得到精神的滋养，成为一个为自恋者持续"输血"的供养者。因此，那些跟自恋者在一起很长时间的人，会变得越来越萎靡不振、缺乏活力，而自恋者却越活越精神。

重要的是，如果你缺乏其他人际交往，你就很难从另外的视角看待你的生活。自恋者一系列扰乱认知的操作，会让你怀疑自己的判断力。从这个角度看，洗脑算是自恋者自带的技能。他怂恿你、操纵你做损害自己利益的事，而你却无从辩解。很多摆脱了自恋关系的幸存者，会讲述他们当时做出的傻事，并为此感到愤怒和羞辱。其他人听了会觉得不可思议——"你怎么会忍受这么糟糕的对待？"事实就是，幸存者当时处于"社交孤岛"中，他们没有办法保持足够的清醒，发现自己在经历什么。

如果你有一份工作，有自己的社交圈子，你会有更多机会、更多角度发现你生活中的异常。更重要的是，它能让你经济独立，更有底气去承担自己选择的结果；也能让你在离开自恋者之后，维持稳定的生活。这真的很重要。

有的自恋者会给伴侣提供很好的物质条件，却限制他们的社会交往，希望他们做一只金丝雀，只为他一个人歌唱。实际上，他的"为你好"只是为了满足他是一位好伴侣、好父母的自我感觉。他不允许你有自己的个性、追求和他安排之外的生活。

一位勇敢的女孩拒绝了高薪的男友，坚持做一名职业女性。尽管男友的收入远远超过她，但是他对自己生活的干涉令人窒息：他会为她因为单位的事情迟到几分钟而大发雷霆，也会因为她不喜欢自己送的礼物而咆哮。他责怪她不懂感恩："多少女人对做我的女朋友求之不得，你却不懂珍惜！"她下了很大决心与男友分手。"凭自己的能力就可以过上好生活，为什么要等别人恩赐？"后来，她在单位干得不错，升职、加薪接踵而至。现在，她很庆幸当初做出了正确决定，可以把握自己的生活。

你应该了解的冷知识：什么是自恋虐待

　　自恋型关系中这些寻常可见的操作，是对他人的精神虐待，会给另一方造成身心伤害，堪称亲密关系中的隐形杀手。自恋虐待对伴侣的精神伤害主要包括以下几个方面。

　　（1）频繁的自恋暴怒、冷暴力与躯体暴力，让伴侣承受极大的精神压力，身心健康受到摧残。

　　（2）自我中心，利用、剥削伴侣，不尊重伴侣对家庭的贡献，限制伴侣的职业发展。

　　（3）煤气灯操纵，扰乱伴侣认知，让伴侣陷入自我怀疑，情绪不稳定，甚至濒临精神崩溃。

　　（4）贬低打压，辱骂欺凌，严重摧残伴侣的自尊，让伴侣变得自卑、胆小、懦弱、无助，无力反抗。

　　（5）对伴侣实行精神控制，孤立限制，使伴侣深受欺凌却无处求助。

　　（6）对伴侣进行经济剥削，以经济手段威胁、控制伴侣。

　　（7）层出不穷的谎言，出轨、背叛的风险，严重伤害伴侣的情感和相互忠诚的情感承诺。

（8）赌博、酗酒、冲动行为，更让亲密关系面临极大的不确定风险。

自恋虐待的特点

1. 双方在关系中的地位不平等

这种不平等不同于职场上下级这样的地位差别。在职场上下级之间，责任和权力是有明确规定的。上级拥有更多的管理权限，是为了维护组织机构更好地运转。但是，如果上司利用制度的方便，任意指使、打压、利用、欺负和侮辱下级，那么这个上司就涉嫌精神虐待。

在婚姻或恋爱中，也存在精神虐待的现象，具体表现为：两个人完全无法做到平等、互惠，一方高高在上，经常指责、贬低、打压、利用、剥削另一方。他们之间的不平等，不是短暂和偶然现象，而是长期如此。

尽管弱势的一方进行过各种沟通、努力，但仍然无法改变这种地位差别。强势的一方，他的利益、需求得到最大程度的满足，并且拥有绝对的话语权。两人出现分歧，强势的一方总能把原因和责任推给弱势的一方。而弱势的一方，他的利益、需求长期得不到满足，在出现分歧的时候，缺乏话语权，无法为自己辩解。弱势的一方需要频繁地做出让步，心里感觉非常委屈，但又不知道如何改变这种局面。

弱势的一方想要维护自己的利益、满足自己的需求，却被指责为"自私""不懂感恩""无理取闹""不成熟""神经质"。

2. 自恋虐待具有普遍性

精神虐待可以存在于任何长期、稳定的人际关系中，比如夫妻、情侣、亲子、兄弟姐妹、亲属、朋友、同事之间。

精神虐待不是普通的人际关系矛盾，可以通过建设性的沟通来解决。精神虐待是由于关系的一方本身就有人格障碍，他无法以健康的方式与周围人交往。他在长期、稳定的人际关系中，必然会做出虐待行为。

无论被伤害的人如何妥协、善意沟通，都无法改变他对待对方的方式。而且，受害者越是委曲求全，所受的伤害就越大。

3. 自恋虐待具有隐蔽性

虽然说职场、家族或朋友关系中也会发生精神虐待，但是在大多数情况下，施虐者在婚姻恋爱中才能"发挥"得更好。受害者正是因为跟施虐者建立了稳定的情感连接，才会一而再、再而三地受到伤害。

即使有他人在场，比如发生家庭和职场中的虐待、欺凌，因为旁观者的冷漠、回避，虐待者仍然可以继续这种精神虐待，只不过使用的手段更隐蔽、狡猾，更不容易辨识和防范。

虐待者非常善于掩饰、狡辩。他会刻意忽视受害者的核心诉求，捕捉其语言当中微小的漏洞，故意曲解他的本来意思，将其引向错误的方向。

如果受害者被激怒，他就会抓住对方情绪激动的机会，倒打一耙，指责受害者神经过敏、头脑混乱、无理取闹，以此操纵和影响舆论。

如果受害者愤而离去，对施虐者来说更是求之不得，他会声称受害者对自己的指控完全是子虚乌有，并歪曲受害者的人品和心理健康。

4. 自恋虐待造成的伤害巨大

受害者因为长期遭受精神虐待、人格贬低、心理操纵，处于焦虑和抑郁状态，变得自卑、软弱、麻木、茫然、郁郁寡欢、自我怀疑，丧失活力和创造性，严重影响其工作和生活的效率，降低其幸福感。

还有很多虐待者会对受害者进行经济剥削，使受害者"自愿"地供养自己，并陷入经济困境。

虐待者还会对受害者进行洗脑，挑拨他与其他人的关系，使其逐渐疏远原来的社交圈。严重者会完全断绝社交，依附于施虐者，失去生活和人格的独立。最严重的受害者甚至会出现自残或自杀行为。

5. 自恋虐待具有必然性

自恋者在与别人交往时，会强求对方以自己为中心建立自恋型关系。如果对方不具备清醒的意识，就容易妥协和放弃自我的边界，则自恋虐待就一定会发生。在自恋型关系中，自恋者就像一辆失控的汽车，为了维护自身的完整性，会不断给对方造成伤害。

这样的人与别人交往时，尤其是在长期、稳定，具有情感连接的亲密关系中，必然会对他人进行剥削、利用、操纵、欺凌、伤害，就像一辆失控的汽车，不断碾轧更多无辜的人。

其实，在精神疾患的谱系中，人格障碍更偏向严重的一端。但是，由于具备基本的认知能力，还没有完全丧失社会功能，所以人格障碍者对他人的伤害更容易被解读为"性格不合""利益冲突"，而不是往精神病态的方向去考虑。

有些人格障碍者，甚至可以拥有体面的职业、较高的收入和良好的社会形象。但是，他们的人格结构中固有的缺陷，会在亲密关系这种相对安全的环境中尽情释放。

人格障碍者普遍缺乏求助动机，我们的医疗体制也较缺乏这方面的资源。所以，他们人格缺陷带来的痛苦，很大一部分是由受害者承担的。

6. 自恋虐待的受害者缺少足够的心理资源

自恋虐待受害者比家庭暴力受害者更容易反复陷入绝境，成为虐待者任意玩弄、抛弃的玩偶。他们的痛苦就像是透明的，难以描述，也很难获得周围人的认可、同情、支持。

由于心理健康教育知识不够普及，人们对人格障碍者缺乏足够的认识。普通人会觉得他们有点特殊，但不会真的去怀疑他们有病。当受害者诉说自己的痛苦时，很多人会当作普通的情感纠葛。好心的人会劝他们好好沟通，也有很多人表示不方便介入他人私事，还有很多人因为被受害者的悲惨经历勾起不愉快的情绪，选择疏远和漠视。

因为虐待者很善于打造人设、引导舆论，精神虐待情节曝光后，公众舆论的不恰当反应会对受害者造成二次伤害。

吊诡的是，当精神虐待事件通过不同渠道曝光在公众视野之下时，人们表现得似乎更愿意相信强者的狡辩，而不愿倾听弱者的呻吟。他人的痛苦是不体面的，而相信"世上本无事"更容易让人恢复内心的平静。很多受害者因此陷入绝望，放弃向周围人求助，独自舔舐伤口。在不明真相的人们看来，这不过是一次普通的分手，顶多对方有点渣而已，分开就算了，不值得反复讲述。

殊不知对受害者而言，讲出自己经历了什么，需要鼓起莫大的勇气才能做到。逃出生天之后，受害者仍会经历漫长、孤独、曲折的康复之路，迫切需要外界的帮助。

第 **4** 章

从觉醒到治愈：
远离亲密关系中的自恋虐待

❦

暴风雨中失去方向的航船

在自恋型关系中，你失去了什么

反反复复的纠缠——和自恋者分手为什么这么难

树欲静而风不止——如何应对自恋者的"回吸"

如何与家人中的自恋者相处

世上没有"吸渣体质"

幸存者疗愈的四个阶段

再抚育——幸存者自助性团体的疗愈作用

你应该了解的冷知识：什么是"复杂性创伤应激障碍"

❦

自从我开始在网上写作有关自恋虐待的内容，就不断接到网友的咨询，希望我帮他们鉴定一下他们生活中的某个人是不是自恋者。经过深入交流，我发现其中大约一半的求助者存在比较明显的自恋虐待创伤；而另一半求助者，讲述的却是其他人际关系冲突带来的烦恼，和自恋虐待创伤有明显的区别。

如今在各种网络媒体上，有关自恋内容的讨论也存在类似情况。一部分参与者真实经历过自恋虐待，而另一部分参与者讲述的经历，并没有出现典型的自恋虐待创伤。两种人在一起热烈地讨论，大家都以为谈的是一回事，实际上释放出来的信息是混乱的，容易误导真正需要帮助的幸存者。

这种现象我是能够理解的。

因为接触的心理学知识还比较零散，有关自恋的知识更多集中在自恋障碍的症状学方面，人们更习惯从"有病"的一方面去看待自己的经历，反而忽视了自己的感觉、自己的视角。而自恋者始终处于关系的核心，幸存者的判断经常受到自恋者的干扰。所以，脱离了自恋型关系的幸存者，迫切需要从自己的角度出发，看待自己的经历。

其实站在幸存者的角度来看，对自恋者的明确"诊断"并不重要，自己被虐待的感觉才是最重要的。

与其努力在一些似是而非、含混不清的"事实"当中找到一个清晰的诊断，还不如把关注的重点放在受害者的感觉上：我是不是被虐待了？我受的是不是自恋型虐待？与前者相比，后者可能还更可靠一些。

作为一名有专业经验（5年以上连续心理咨询从业经验，咨询时长5000+小时）的幸存者（18年）、研究者（6年）和疗愈群体的创办者，我对自恋型虐待受害者的感觉十分熟悉。如果你有下面这些感觉，你大概率可以判断自己受到了自恋虐待。

（1）委屈感：对方的指责、贬低并不符合事实，你一次又一次地替自己的辩解，表达自己的真实意愿，以及维护关系的诚意。但是你的言语却总是被对方用来加强他自己的观点。你总有一种"再给我一次机会，我一定能解释清楚"的感觉，但你就是做不到。

（2）焦虑、抑郁、失眠，长期慢性的疲惫感、精力不足：你会忧心忡忡、诚惶诚恐，觉得维护关系的责任都在自己身上，而维护的结果却并不是你想要的。

（3）无价值感：一次又一次的贬低、攻击被内化为自我攻击，你会深深地自我怀疑，自尊被瓦解，觉得对方光芒万丈，而自己一无是处。

（4）自我怀疑：你无法相信自己的判断，总是去征求对方的意见。而对方的意见看似非常有道理，但是你照做之后发现并不符合你的利益。慢慢地你会觉得，自己变得越来越幼稚、依赖，无法自己做选择。

（5）情绪不稳定：自恋者在亲友面前指责你脆弱多疑、神经过敏、无法自控，对你实行情感虐待，把你合理的反抗指责为攻击、背叛、破坏，让你左右为难，双重束缚，情绪崩溃。

（6）耗竭感：你的贡献被忽视，你的成绩被贬低，你的优点被窃取。无论你多么努力，都无法让自己生活得更好。你不断被投射各种缺点，用来衬托对方的"伟光正"。你放弃抵抗，觉得自己一无是处。你感觉自己生活在自恋者为你营造的囚笼中，每天为了应付他的问题而疲于奔命。无论你如何努力恢复自己的活力，都被他不断吸食、榨干，剩下你茫然无助，不知道未来在哪里。

（7）健康状况变差：消化系统紊乱（呕吐、腹泻、消化道溃疡、过度节食或暴饮暴食），物质依赖（抵消空虚感），免疫系统遭到破坏（皮肤过敏、荨麻疹、带状疱疹、脱发等），运动不协调（容易摔跤、弄伤自己）。抑郁、焦虑造成的身体症状：胸痛、胸闷、呼吸困难、背痛、肌肉疼痛，经医学检查却没有器质性疾病。

（8）被吞噬感/融解感：这是深度受虐的典型感受。存在感越来越低，说不出来自己需要什么、自己真实的界限在哪里。他的生活覆盖了你的生活，他的缺点变成你的缺点。你变成他的工具、服务员、垃圾桶，他的一部分，就是没有自己的感觉、立场。你会觉得自己有义务满足他，考虑自己会觉得可耻。你说着跟他一样的话，在外人眼中，你和他已成为一体。

无论何时何地，觉察"在我身上发生了什么""我想要什么样的生活"，比考虑"他到底是什么人""他为什么要对我做这些"都要重要得多。

与自恋者分手之后，幸存者会经历一段曲折的过程，来治愈心理创伤。

暴风雨中失去方向的航船

　　终于有一天，曾经的苦闷、疑问、挣扎渐渐清晰，埋藏心底的求生本能开始发挥作用。"不对，这是不对的，我的生活不该是这样。我已经做了那么多，为什么还是这么痛苦？一定有什么东西不对劲。"从那一刻起，你的生活开启了不可逆转的变化。

　　也许在此之前，已经有人给过你提醒，但都被你有意无意地忽略了；也许你自己也曾发现过很多不对劲的地方，但是你觉得那是微不足道的小事；也许你也抗争过，试图在你与他之间找到解决的方案。但是无论你做出多少努力，生活总会回到从前的样子。也许你以为，随着那个人的离去，痛苦会慢慢消散，生活会回到正轨。

　　然而，现实并非如此。自从你发现真相开始，那些堆积许久的疑虑、迷惘、委屈、不甘……都汇聚在一处，像暴涨的洪水，冲垮了心里的堤防，淹没了每一处安全的避风港。你就像一艘在暴风雨中失去方向的航船，徒劳地在漫天的风浪中打转，不知道往哪个方向走，也不知道下一秒会发生什么。你的世界彻底颠覆了，仿佛过去的每一天都是一个巨大的谎言，你生活在一个虚假的世界里。

你的生活失去了秩序。你整晚整晚睡不着，脑海中一遍又一遍重放着那些痛苦的画面。你看到自己被一步步诱进陷阱，就像一个懵懂无知的孩童，丝毫不知道自己将要遭遇多么可怕的事情。那些拙劣的谎言、无耻的欺骗、残忍的攻击，不断刺向毫无招架能力的你。你多想大声呼喊，将当时的自己拉出泥潭，然而一切都无济于事。愤怒、羞辱、悔恨……每一次情绪的翻涌，都带来锥心之痛。

你不愿相信，经历这么多残忍的对待，自己竟然能忍受到今天。曾经有无数次机会，你可以义无反顾地离开，但都被你一一错过。你不能理解，为什么世间会有如此残忍之辈，能挥刀斩向对自己最好的人？为什么你为他做了那么多，却不能换回一点点尊重、理解、爱护？你一向心怀善意，待人以诚，从没有伤害过任何人，为什么生活会如此回应你？太多的谎言、太多的疑问，摧毁了多年筑起的信任，你的世界迅速崩塌。

你变得十分脆弱，生活只能靠习惯维持。白天，浑浑噩噩地行走在人群中，失去了应有的感觉；夜晚，躺在床上翻来覆去，走不出内心的煎熬。你无法向关心你的人说清楚你经历了什么，他们无意中的一句话、一个举动，却会触发新的痛苦。在你看来，这种情境如此熟悉，就像以前经历过无数次的那样。你可以在无知无觉的时候承受，却不能在清醒之后再经历一次。你就像惊弓之鸟，风吹草动就可以让你伤口崩裂。你痛哭，叫嚷，怒目相向，夺门而出……你只想快一点回到自己的小巢舔舐伤口，再也不要面对他人的伤害。

自恋型关系结束时幸存者常见的心理状态

1. 认知失调

认知失调这个概念最早是由社会心理学家费斯廷格提出的，指的是当两种想法或信念（认知）在心理上不一致时，我们会感到一种紧张的状态（失调）。特别是当某一行为是自己选择的后果时，更容易造成认知失调，使人感受到持续的压力和苦闷。

认知失调其实是人人都会经历的一种状态。人遇到全新的事物、处境，观念会受到挑战，让人感到很难受。然后，我们会尝试做一些调整，去理解和适应新情况。经过重新整合后的认知，会比之前更协调、更有弹性，这个过程普遍存在于人的成长经历中。

在自恋型关系持续期间，自恋者长期撒谎，隐瞒，双标，使用煤气灯操纵、心理投射贬低和打压他人，在给另一方造成身心创伤的同时，也灌输了大量虚假的信息。随着自恋型关系的结束，幸存者的认知体系遭受巨大挑战，认知失调开始全面爆发。

经过观察，幸存者经历认知失调的时间为三个月到半年。之后新的平衡会逐渐建立起来。

2. 情绪反刍

人们在经历创伤性事件之后，容易对事情的前因后果、各种细节反复回想。这是由创伤造成的抑郁状态，即情绪反刍，是一种被动的、无意识的过程。人们在情绪反刍时，经常会自我指责："我为什么会这么蠢？""我怎么会任由他这样做？""我为什么不能拒绝他？"情绪反刍让人专注消极的信息，无法自控地重复相似的过程，让人倍感无力。

心理动力学认为，抑郁情绪的产生，是人们对自身攻击性的压抑造成的。人不能去攻击别人时，就只能去攻击自己。在我的疗愈团体中，大家都经历过抑郁状态。还有很多人出现头痛、背痛、胸闷、胸痛、呼吸困难等身体症状，去医院检查却没有任何器质性疾病。经过半年到一年的调整，幸存者的心理状态得到改善，这些身体症状也逐渐减弱以至消失。与此同时，情绪反刍的情况也越来越少出现。

3. 应激反应

刚刚脱离自恋型关系的幸存者，普遍存在易激惹的问题。这与经历过创伤事件的幸存者表现极为相似。当幸存者遭遇挑剔、否定、攻击时，他们会突然激动起来，做出激烈的反应，让熟悉的人感到惊讶。

心理学研究认为，应激反应是一系列复合的心理唤起现象，包括生理、情绪、认知上的激越。人们会对负性事件表现出激动、警觉，过度活跃。

应激反应有几种常见的形式，也就是所谓的"战""逃""僵"模式。

有人在与自恋的女友分手后，不能忍受上司的挑剔，把他骂了一顿。而在此之前他都是忍耐的。有人在听了母亲的埋怨唠叨后，忽然情绪激动，与母亲吵了起来。而在此之前他一向是不予理睬的。这些都属于"战"的模式。

有人在结束自恋型关系之后，无法再忍受亲友的言语刺激，情绪爆发后迅速离开。而在此之前他的反应要平静得多。有人在与自恋的男友分手之后，搬出了父母家，因为父母的唠叨、限制总让她回忆起男友的态度。这些都属于"逃"的模式。

有人在与自恋者分手后，再次经历被人大声指责，忽然呆住了。他感觉麻木，反应迟钝，大脑一片空白，手脚像被捆住一样动弹不得。这就属于"僵"的模式。

我们可以看到，应激反应首先是负性事件带来的。而幸存者的反应，来自他对这件事的特殊感受。这种感受是周围人很难理解的。应激反应又是人们为了保护自己而产生的自动反应，通过战斗、逃跑或麻痹自己的感受，来减轻痛苦，避免更大的伤害。

如何顺利度过分手初期的疾风暴雨

1. 回到当下，与自己的感觉在一起

与自恋者在一起的日子，幸存者的感受被长期无视。这让人对自己的感受很陌生，手足无措。而情绪反刍，则是强迫性地让自己回到过去，无法专注当下。所以，你需要适当的练习，帮助自己体验当下的感觉，增强现实感。

当你处于情绪的漩涡，不知所措时，你可以用心体会那种感觉，而不是试图无视或对抗。悲伤是怎么涌起的，怎么像潮水一样漫过你的身体，又怎么起伏和减弱；愤怒和恐惧是怎样一种感觉，感受你愤怒时攥紧的拳头，在恐惧时抱紧自己的身体。"哦，我在这里，这就是我的感觉，我生活在自己的身体里，这感觉真好。"爱自己，从接纳自己的感觉开始。

你也可以练习记录自己的感受，写一写心情日记。只是记录，不去评价，也不做分析。这个习惯你可以坚持一到两年，到时再看看你走出多远。这是一段难忘的日子，你走过的每一步，都是有意义的。

2. 给自己一个宽松的心理空间

过去的那段日子，你一直处于紧张焦虑之中，被苛求，被限制，这让你十分疲惫。所以，是时候放松一下了。有的幸存者有很强的紧迫感，觉得没有全力以赴生活就会变糟，总没办法真正放松。其实，让生活变糟的不是没有全力以赴，而是过分的担忧和纠结。感到累就休息，精力恢复就投入工作，这样下来总体的效率并不低。

混乱期过后，幸存者会迎来一个疲惫期，总是感到累，总也睡不够。其实这是你的身体向你发出的信号——你需要休息，补充能量。有人连睡了一个星期，醒来后感觉好多了。有人请了长假，出去疯玩了一大圈。有人养起花草，有人爱上烘焙，以此调节心情。允许自己享受美好生活，你本来就配得上。

3. 告诉在乎你的人你经历了什么

如果有人让你感到有压力，试着找那些让你感到轻松的人谈一谈。这世上愿意倾听和理解你的人，还有许多。你可以寻找自恋虐待幸存者团体，也可以寻找个体咨询师，给你想要的帮助。

在自恋型关系中，你失去了什么

任何关系的结束，都会让人觉得自己失去了重要的东西。而与自恋者的分手，"丧失感"却和其他关系有所不同。

绮筠在与前男友分手后经历了一段艰难的日子。

其实说男友也不准确，荣轩本来有老婆孩子，生活在另一座城市。但是他在与绮筠交往时，刻意隐瞒了这一点。30岁出头的公司中层，在市中心租住一套公寓独居，周末、节假日经常出来跟同事、朋友聚会，只在过年期间回家探望父母。这在普通人看来，就是一个单身汉的典型表现。

重要的是，他在跟绮筠约会时，是那么专注、投入，从没有意外的电话打搅，也没有闪烁其词、欲言又止的尴尬瞬间。他们在一起度过的最初三个月，绮筠享受到的是被热烈追求的幸福。绮筠是真心把荣轩当男朋友相处，而且是奔着结婚去的那种。

三个月之后，偶尔会有一些蛛丝马迹落在绮筠眼里，但是都被荣轩巧妙地掩饰过去了。现在绮筠想起来还很后悔，自己就像个傻瓜，被荣轩拙劣的谎言骗得团团转。然而在当时，荣轩已经完全占据主动。她那时觉得，像荣轩这么优秀的男人，能看上她这种不起眼的小人物，实在是难得。

其实，绮筠也是 985 大学毕业，参加工作不到三年，工作能力也得到了认可。然而，她和荣轩在一起的时候，不得不始终赔着小心。荣轩总是有意无意地让绮筠知道他有多么受欢迎，要是绮筠不好好抓住他，他随时可以选择更好的。

荣轩来单位接绮筠下班，熟络得就像回到自己家。他跟各种人打招呼，和女职员们调笑、逗趣，就像穿梭在花丛中的蝴蝶，招来阵阵嬉笑、娇嗔。绮筠要等他尽兴之后，才跟在他后边出门。荣轩还不忘跟绮筠说："你看，我给足了你面子。"

绮筠和荣轩在一起将近两年，始终都没有等到一个婚姻的承诺。她越来越有危机感，因为荣轩总是拿她和某个优秀的女孩子比较，嫌弃她不够优秀、不够温柔。她开始怀疑荣轩与那个女孩子的关系不一般。绮筠鼓足勇气去找那个女孩子谈，没想到对方冷冷地问了一句："你真的了解这个男人吗？"绮筠大惑不解，恳求那个女孩说清楚。女孩说："你可以去问问熟悉他的人，他这么做又不是一次两次了。"

绮筠顿感五雷轰顶，她难以相信这两年来她一直生活在谎言中。虽然这段感情已经让她十分疲惫、痛苦，但没想到连他们的关系都是见不得光的。她私下找人打听，没费多大工夫就得到了真相。还没等绮筠想好怎么跟荣轩摊牌，他就像嗅到了什么，开始躲着绮筠。原来半夜还在发微信视频，现在却连续几天都没个动静。绮筠问他为什么不找自己，荣轩推说单位派他出差，一时半会儿回不来。可是绮筠知道他明明就在本市。两个人的关系轰轰烈烈地开始，却这么不明不白地结束了。

到底要不要报复"渣男"

绮筠与荣轩刚分手的那段时间，满脑子想的都是报复。"他不该这样骗我，我问过他好几次，他都说他是认真的。我在大学里都没谈过恋爱，却遇到这个'渣男'！他知道我对感情有多认真。"但是荣轩一直躲着不露面。到最后，绮筠说："你再不露面，我就把你的车砸了。"荣轩才答应好好谈谈。

他们约在一个偏僻的停车场见面。为了这次见面，荣轩提出好几个条件：不能大哭大闹，不能砸车，不能在系统内传播这件事，不能跟他租房的邻居讲。绮筠都答应了，她不能不见荣轩，因为她刚刚发现自己怀孕了，在这个节骨眼儿上！

一见面，荣轩就抢先认错道歉，态度无比诚恳。没等绮筠开口，荣轩就拿出拟好的离婚协议书。他说自己是"形婚"，当年是被老婆胁迫结婚的，他们之间根本没有感情。他之所以这几天没露面，是因为一直在背后努力，希望早日给绮筠一个名分。现在他老婆已经同意签字……

绮筠犹豫了，他们没有分成，继续暗地里来往。这一次，他们的关系甚至还不如以前。荣轩说如果被老婆发现，她会拒绝签字。只要绮筠提到离婚的事，荣轩就变得很不耐烦，说她纠缠自己，拿孩子逼他离婚。直到有一天，单位同事说，见到荣轩疑似在和自己老婆孩子吃饭，三个人有说有笑，根本不像要离婚的。绮筠这才明白，自己又被骗了。

这回她连荣轩都懒得找，请了一个星期的假去做流产。还没等好利索，绮筠就拖着虚弱的身体来到荣轩租房的地下车库，拿出准备好的棒球棍对着荣轩的车一顿狂砸。

报复，是幸存者很难回避的一个话题。几乎每一个幸存者，都不止一次产生过类似的念头，想要自恋者付出应有的代价。我的知乎账号上经常有幸存者来提问："NPD 做了那么多坏事，他们就没有报应吗？""为什么我在暗自流泪，他却可以活得风风光光？""怎样才能看到他受惩罚？"自恋者给幸存者造成巨大的痛苦，然而他并没有因自己的行为被惩罚——失去健康、名誉、财富、职业、婚姻……这件事看起来的确不公平。为什么有人可以干尽坏事，却无须付出代价？

然而我们也知道，当自恋型关系开始之时，这种不公平就是注定的。

中国有句俗话"善有善报，恶有恶报"，这反映了一种朴素的是非观，希望世界是黑白分明、简单明了的：安安分分、与人为善就可以获得嘉奖，心术不正、偷奸耍滑就会受到惩罚。然而这是一个理想的世界，并非我们生活的这个真实的世界。在真实的世界中，不仅有清晰易懂、公平简易的东西，也有模糊不清、亦正亦邪的东西。如果我们只能接受前者，不能接受后者，那么我们就容易感到愤愤不平、悲观失望。

是的，自恋型关系是不公正的，自恋者是个虐待者、破坏者。他贪得无厌，却又拒绝担责；你不断被剥削，却得不到肯定和感谢。过去这几个月、几年、十几二十年，你所损失的已经无法弥补。在我们和自恋者的关系之外，并没有一个绝对公正的第三方来负责惩恶扬善。当然，涉及违法犯罪的行为除外。

我们希望自恋者受到惩罚，是因为不能接受逝去的时光已经不能重回。不能面对那个带给我们无数痛苦的人，也是芸芸众生中的一员，而不是魔鬼的化身。我们遇到自恋者，允许他进入我们的生活，这是我们自己的选择。在这件事上，我们是有责任的。但这并不意味着是我们自身的缺陷招致了这一切，而是我们过去的某种选择给我们带来的意料之外的伤害。人始终生活在当前的现实中，我们不能用现在的清醒来强求过去的自己。

哀悼失去的时光，重拾失落的自我

结束自恋型关系是一种失去，但是它又不同于普通的失去。

普通的失去——失去亲人，失去工作，普通的失恋，等等。我们失去的是有价值的东西，承受的是美好消逝的痛苦。当我们回忆往事，缅怀亲人，我们同时也能体验到积极的情感。

相比之下，对自恋型关系的回忆，连接的却只有消极的情感。所以，自恋型关系的失去，是一种有报偿的丧失。我们虽然失去了自恋者，却可以因此寻回那个曾经被打压、贬低、忽视的自己。只要我们愿意，就可以重新主导自己的生活。

为了帮助人们缓解心灵的痛苦，心理学家们主张：通过悼念的仪式，来接受丧失的现实，逐渐开始新的生活。事实上，我们习俗中的守丧、纪念、缅怀的仪式，正是为了帮助人们度过这段痛苦的时光。那么，面对自恋型关系的结束，我们哀悼的，就应该和我们

为什么总是我的错：摆脱自恋者的操纵

失去与获得的东西有关。

如果把自恋型关系的结束看作爱的失去，幸存者就会感到难以释怀。事实上，我们失去的是对爱的幻想，是一段本来属于自己的时光，以及无尽的折磨。而我们得到的，是真实的、自主的生活。所以，自恋型关系的结束，对幸存者来说就是一种得到。

痛苦是值得敬重的，因为其中包含着我们对生命的真实感受：梦想、愿望、努力，一次又一次真诚的沟通、妥协……这些都折射出幸存者生命的闪光，是值得珍惜的。不幸的是，我们遇到的是一个以别人的生命为食的有毒者。

我们可以讲述我们的痛苦，对那些愿意倾听的人。然后以一种仪式化的方式，告别我们失去的时光。伤痛也是生命的一部分。经历过伤痛，仍然热爱生活，向往幸福，这就是现在的我。

通过这个过程，幸存者完成了哀悼和接受的任务，可以在新的起点上重新修复自我，找回自己真正的力量。

反反复复的纠缠——和自恋者分手为什么这么难

自恋型关系的结束比普通的分手要复杂。很多人都会经历反复的纠缠，身心疲惫，这是为什么呢？

绮筠和荣轩的故事还有后续，荣轩没让保安报警，却在数周后发来微信："能不能见面谈谈？有好消息。"绮筠一夜未眠，到天亮删除了荣轩的一切联系方式。

像绮筠这样采取报复行动的人还有一些，然而能像绮筠这样干脆地拒绝再次上当的人却很少见。更常见的是，幸存者被拖进新一轮循环中，与那个伤害自己的人纠缠更深。还有很多人在伤痛中缓慢前行，最终拥有了更好的新生活。

我们假设一下，要是绮筠答应和荣轩再见面，他们的关系能彻底改善吗？荣轩会改头换面，懂得珍惜吗？我知道有的人对此仍然抱有幻想——"到最后，这个男人归我了，我得到完整的他"。然而，你得到的又是怎样一个人呢？荣轩是绮筠的良配吗？他背叛婚姻，他们的爱情本来就是一场骗局啊。

在自恋型关系中，幸存者被自恋者逼得一步步降低底线，勉强接受越来越苛刻的对待。而继续和自恋者纠缠下去最大的代价，就是没办法保持清醒。既然你已经认定他是错的人，又怎么可能和他收获一个好的结果呢？

和自恋者的告别没有"好聚好散"

与自恋者分手是一个漫长而艰难的过程。和绮筠的情况不同，很多人在分手后还和自恋者有联系的原因，是想要跟对方谈清楚，想要给自己一个好的结束，也就是"好聚好散"。

然而，这种想法是难以实现的。

从自恋者那一面来看，他们既不甘心"被甩"，也永远不会放弃对你的特权。就算是他主动抛弃的你，你在他眼里还有残存的"价值"。比如说，拿你炫耀他的魅力，向新的猎物施压，等等。所有这些"价值"，没有一样是为你的幸福考虑的，尽管他在口头上绝不会承认。

所以，无论他以什么理由、什么形式重新出现在你的生活中，最终要实现的，还是他自己的利益，跟你的想法、愿望、需求没有关系。但是，他可以利用你的想法——比如"好好谈谈""解释误会""表达歉意"，等等——达到他自己的目的，让你重新为他所用。说一套做一套，我相信你已经领教够了。

如果你觉得他是在后悔，想要挽回你，想跟你认真过日子，我劝你打消这个幻想。你们在一起的时候他都没有改善，何况在分手之后？他所做的一切，不过是在试探，看看你有没有残余"价值"可以利用。也有的人属于单纯地想"谈清楚"，希望自恋者承认他的错误——哪怕让自己痛痛快快骂一场也好。

然而，你可记得在你们相处的过程中他何时承认过错误，承担过责任？他会突然改变性格吗？只因为你心软做了让步？自恋者是不肯承担责任的人，他又怎么能够在对方下决心脱离的情况下承担"罪责"呢？你想去"讲清楚"，洗净他泼在你身上的污水，甚至仅仅是想痛痛快快地骂他一场，他都不会给你这个机会。你们辩论的结局，一定会变成"你抛弃了他，又来纠缠不清"。

自恋者不会真正悔改，他回来找你，并不是余情未了，更不是浪子回头。自恋者为了打动你，甚至会表演得非常真诚，痛哭流涕，赌咒发誓。他之所以这样做，无外乎是在赌一个概率——万一你相信了呢？在他来找你之前，他已经预设好失败的结局。如果你干脆拒绝，他一点都不会拖泥带水，马上就会开始下一场狩猎。而真正心怀歉意，想要认真修复关系的人，绝不会表现得这么戏剧化，你一定会感受到他的真诚。

自恋者是真正的功利主义者，他们的言语、行为都是出于功利的目的。一旦你回心转意，那么一切又都回归常轨，不会有任何改变。对自恋者来说，他用最小的代价就足以换回最大的收益——你重新回到他的身边，为什么还要做得更多呢？

人为什么难以离开对自己不好的人

不止一位幸存者带着自嘲的语气谈起那段反复拉扯的时光，很难相信自己当时竟然想"在玻璃渣子里找糖吃"。不仅已经恢复的幸存者会这样想，那些自己没有经历过自恋型关系的人，听说这样的事也会有疑问：为什么你和如此恶劣的人纠缠了这么长时间？为什么你不早一点离开他？

1. 自恋虐待造成的低自尊

自恋型关系中的幸存者，一直处在关系的低位，承受自恋者的贬低、打压，各种恶劣的对待，这会让幸存者长期处于低自尊的状态，觉得自己配不上更好的生活。很多在普通人看来难以忍受的事情，却是幸存者习以为常的生活。

当牟某某开始拿包某"不是处女"为借口找碴时，包某还果断地反抗过。"我最有价值的是我的未来"，这种回答是自尊水平正常的人所说的话。而在牟某某日复一日的折磨中，包某的自尊越来越低。她忍受牟某某的辱骂，对他不断升级的"考验"也不再反抗。在恋爱后期，包某跟好友说过"我分不动了"，语气中的麻木和绝望令人震惊。

2. "不给你，你就会一直乞求"

普通人之间的亲密关系是平等互惠的，人们彼此关心，支持对方的愿望，回报对方的善意。这种相互流动的善意，对彼此的精神都是一种滋养，让人感觉美好、舒心。

而在自恋型关系中，所有的关心和支持都是指向自恋者的，心理能量的流动也是单向的。自恋者通过不给你应得的，让你一直以为自己做得不够，来促使你做得更多。在自恋型关系中，自恋者一点小小的不满都会发泄出来，而幸存者最重要的需求却被长期忽视。他会指责你对他照顾不周，爱发牢骚，情绪化，却闭口不提你真正关心的事情。一旦你想要维护自己的利益，自恋者就会大惊小怪，玩命折腾，让你为此感到羞愧。

3. 制造新的问题，迫使你留下

自恋者对伴侣最终会离开是有预感的，所以他一直准备着第二套方案。当你决定摊牌，新的问题就会随时出现：他生病了，失业了，投资失败了，跟朋友闹掰了……你总不能落井下石吧？

同理，你寄希望于在他"回心转意"时要他承担责任，他准会找到新的话题、新的条件，反过来指责你，勒索你，要你付出代价。所以，你以为你是去"讲清楚"的，结果却是更复杂的纠缠。你以为你是去发泄怒火的，到时候，他光速般的狡辩、抵赖、倒打一耙，会把你拖进熟悉的循环。

重要的是要分清什么只是他的问题、什么是你的问题。在过去那么长时间里，你都在为他的问题做出努力。现在，是时候为自己操操心了。

断联是一种主动的选择

觉察自己"离不开"的原因，有助于及早摆脱自恋型关系的负面影响，顺利进入创伤疗愈的阶段，开始新的生活。

长期被忽视、贬低、打压、投射，经历了种种精神虐待的手段，幸存者的自尊和情绪稳定性还处于低位，还没有蓄积起足够的心理能量，来应对自恋者的纠缠。尤其是幸存者主动提出分手，这种情况更需要坚强的意志力，因为自恋者不甘心失败，注定会以各种方式来骚扰你。

所以，当你发生情绪波动、反复时，你可以提醒你自己：当初因为什么跟他分手？现在这个原因是不是仍然存在？你必须面对这个事实：你不想再过以前那种生活，你是因为对他这个人彻底绝望才做出这一决定的。

自恋型关系结束之后，新生活的秩序还没有建立起来，幸存者缺乏足够的心理资源来应对单身生活的种种压力。缺乏足够理解、支持的环境，会让很多幸存者陷入孤独。当自恋者再度出现，幸存者就容易产生动摇。

在这种情况下，物理的断联，空间上的隔离，会是一个必要的缓冲。当你脆弱的时候，你格外需要在不受打扰的情况下养伤。总有幸存者觉得，断联是一种被迫的选择，因此觉得不甘心。也有人觉得这是一种针对自恋者的惩罚、报复，但是如果看作惩罚、报复，你就还是在期待他的反应。其实对幸存者来说，断联是一种主动的自保，是你决定把自恋者排除在自己生活之外。

自恋型关系注定没办法好聚好散，每一个觉醒的瞬间都是离开的好时机。那些没有机会说出的话，没有机会做的事，在新生活越来越吸引人之后，会变得没那么重要。

记住：你从不欠他什么——该做的、不该做的解释、沟通，你已经做得太多、太多。你只欠自己一个幸福的未来。

树欲静而风不止——如何应对自恋者的"回吸"

与自恋者分手，比普通人要复杂得多，因为自恋者会"回吸"。不管你愿意不愿意，他会想方设法回到你的生活中，就像吸尘器一样吸附着你。

蓉蓉生病住院的时候，前男友翔宇突然就联系不上了。蓉蓉很气愤，也很绝望。

他们学生时代就在一起了。当时翔宇是学生会干部，能说会道，风头正劲。传闻中的女朋友都有好几个，可是他却对蓉蓉表白了。蓉蓉对这种强势的男生没有抵抗力，很快就沦陷了。然而，这段恋爱却让蓉蓉备受折磨，身心受创。

跟翔宇谈恋爱一年多，蓉蓉就得了抑郁症，被父母送去医院治疗。那时，翔宇就消失过一段时间。后来，他自己解释说是因为学业紧张，要准备毕业论文和找工作，没有及时去医院看她。蓉蓉那时心境低落，也没有力气与翔宇争执，就默许了复合。直到他们分手后，蓉蓉才从同学口中得知，翔宇是因为参与网络赌博，输了很多钱，挨了学校处分才躲起来的。

毕业之后，翔宇仍然恶习不改，花钱大手大脚，还动不动对蓉蓉发脾气。蓉蓉与父母关系不和睦，很珍惜这份感情，但是翔宇却对蓉蓉根本不在意。在毕业两年后，蓉蓉的抑郁症复发，再次住进医院，翔宇又消失不见了。

在康复期间，蓉蓉接触到有关 NPD 的信息，越看越觉得翔宇有问题。在亲友和网友的鼓励下，蓉蓉决定趁此机会与翔宇断交。她拉黑了他所有的联系方式，对他通过朋友、同学转达的信息置之不理。结果，趁蓉蓉外出的时候，翔宇突然来到蓉蓉父母家，拿了几件蓉蓉没来得及带走的东西送过来，还索要他放在蓉蓉这里的东西。父母转达翔宇口信的时候，蓉蓉感觉胸闷气短，头晕目眩。

蓉蓉把所有能让他想起翔宇的东西全都扔掉，叮嘱父母不要再跟翔宇有任何联系。尽管蓉蓉做得如此决绝，仍然不时有他的名字传到耳朵里。原来这段时间，翔宇一直没闲着，他不仅密集发朋友圈打造深情形象，还屡次托各种好友、同学透露信息。连蓉蓉新注册的账号，都被他搜索到，试图用小号跟她联系。蓉蓉觉得翔宇就像一只讨厌的苍蝇，不知道在哪个角落里藏着，冷不丁发出一阵嗡嗡声，扰乱人的心神。

自恋者为什么会"回吸"

正常的亲密关系结束，双方基本上都保持着合理的距离。这体现了对对方的尊重，也体现了自己对新生活的信心。然而自恋型关系却缺乏这样的距离和尊重。在自恋者心目中，他人是为我的需求而存在的，对于已经分手的前任，他仍然默认自己有某种特权，在自己需要的时候，他可以随时介入对方的生活，并不需要考虑对方的意愿。这种做法非常自私。

那么自恋者为什么非要"回吸"别人呢？

1. 自恋者自身的匮乏

自恋者对待他人的方式，让他很难维持健康、稳定的人际关系，他的亲情、友情、婚恋总是容易出状况，经常处于动荡不安的状态。然而，自恋者内心是很空虚的，他迫切需要与他人结成密切的关系，借助他人的关注、赞许、服务、忍耐……来维持自身形象的完整。所以，自恋者总是处于寻觅和狩猎的状态，为自己储备充足的自恋供养。而曾经驯服的前任，也是一种备选。

这是因为，虽然前任不够好，但总是胜过"无人服侍"的状态。而且，前任很吃自己这一套，再度驯服的成本较低，可以不用花太多力气，就能得到很多好处。如果有更好的对象出现，前任可以随时被替换掉。这也是这种情况下开始新的循环的原因所在，"蜜月期"要短得多。

在网络时代，自恋者的"回吸"无疑有更多的渠道。自恋者在你的公开信息下点赞，通过微信、短信、电子邮件、网络应用搜寻你的足迹，向你传递他想要"复合"的意愿。他会表达关心，送上祝福，体贴叮咛，真诚忏悔，表现得就像一个"浪子回头"的前任。好像只等你点头接纳，他就会痛改前非，做一个体贴负责的新人。然而，你很快就会发现，他的甜言蜜语、承诺和誓言，比第一次要敷衍得多。要不了多久，他就会原形毕露，一切又回到原来的轨道。

自恋者的本性不会因为短暂的"回吸"而发生根本改变，这是显而易见的事实。

2. 嫉妒和报复

如果你们的分手过程比较激烈，自恋者认为自己蒙受了损失，被"抛弃"了，自尊受损，那么强烈的挫败心理会导致他伺机报复。即使他做了非常恶劣的事，给你造成了很大伤害，他也不希望被抛弃、被指责。他必须是那个抛弃别人的人，以彰显他非凡的魅力和特权。他会暴跳如雷，口出恶言，甚至威胁恫吓。这种威胁恫吓听起来很吓人，但很少会超过法律的界限，因为自恋者比谁都怕死。

有时候，分手是他先提出的，但他的本意是试探性、惩罚性的，并不希望彻底结束。然而幸存者却断得干净彻底，不再联系。这也会激起自恋者的愤怒，从而想方设法报复你。

有时候，仅仅是因为你过得比他好，也会激起他的嫉妒心，让他伺机捣乱。

出于嫉妒心和报复欲的"回吸"，行为经常是负面的。比如诽谤你，背后泼你的脏水，在熟悉的人中讲你的坏话，给你编造莫须有的罪名，离间你和他人的关系。他会利用过去搜集到的你在意的事情、你的弱点和软肋，对你发起攻击。

他会想方设法侵入你的新生活，利用不知情的其他人向你传递负面信息，而那个中间人并不知道自己被利用了。自恋者会刻意隐瞒真相，编造虚假的信息，利用他人之口来伤害你。对于还处于疗伤期的幸存者来说，这些传递过来的二手信息会勾起你痛苦的回忆，让你觉得愤怒、屈辱，而又无可奈何。你仿佛能看到自恋者的冷笑，为他成功策划这场污蔑运动而得意洋洋。

因为伤人的话是从不相干的人口中说出，你没有充分的理由去责怪那个传话的人。而向他解释清楚真相，又是一种沉重的负担。所以，有的幸存者会连相关的人一并拉黑，避免更多的麻烦。

拒绝"回吸"的主动权始终在你手里

1. 修复和扩大你的社交圈

我们在前边讲过，自恋型关系维持得越久，幸存者社交关系损失得就越大，最终让幸存者陷入孤立无援的境地。所以，在结束自恋型关系之后，修复和扩大社交圈，就是一种积极的自保。在逐渐恢复正常的社交生活之后，你不仅会得到更多人的理解和支持，也会收获看待过去的经历的新视角。

如果你对结识新朋友有压力，可以尝试从恢复旧交开始，尤其是那些让你觉得温暖、放松的人。与情绪稳定、性格包容的人来往，会让你品尝到久违的温情。与他们建立情感上的联系，你会收获更多支持、鼓励。

2. 发现并正视自己的需求

"回吸"是自恋者的本性，而拒绝"回吸"是幸存者天然的权利。其实，拒绝一个不受欢迎的人并不难，难的是正视自己心中尚未解决的问题。你希望有机会在众人面前揭穿他的真面目吗？你希望来一次彻底的清算吗？你渴望在你们之间扳回一城吗？你希望在他面前验证自己的强大吗？这些想法，会让你在自恋者发出信号的时候产生犹豫，希望借此机会能实现你的一些愿望。

这就像一个可疑的陌生人来敲你的门，你拒绝他不会有什么犹豫。而门外的人得不到回应，自然会离去。然而，如果你心里还想和这个人有交流，就会纠结要不要回应他。所以，"回吸"的出现也是给我们一个机会，来发现自己心底的这些需求。当我们清楚地意识到，与自恋者发生新的纠缠并不符合自己的长远利益时，拒绝就不再是一个艰难的选择。

3. 习惯自恋者的不在场

当你和自恋者在一起的时候，他的意见、需求，他看待问题的角度，始终主导着你，这会培养出一种适应性，让你习惯从他的角度看问题。现在，自恋者已经离开你的生活，你完全可以从自己的角度去看待和理解这件事。

所以，不是什么"他需要我，他觉得抱歉，他想要跟我谈一谈"，而是"我的生活中出现了一个未经允许的闯入者"。这个角度十分必要，它会帮你不受自恋者想法的干扰，真正为自己考虑。

你要花更多精力为自己规划新生活，逐渐习惯自恋者的不在场。你搬家，离职，结交新朋友，培养新兴趣……不仅仅是为了远离一个人，更是为了现在和今后更好地生活。在新生活中，没有人可以随意指责你、干涉你，没有人可以不经允许介入你的生活，强迫你接受他。当你习惯这个视角之后，你就会发现拒绝一个不受欢迎的人，其实很简单。离开自恋者，你失去的只是枷锁，得到的却是完整的人生。

如何与家人中的自恋者相处

相比没有血缘关系的自恋者，家人中的自恋者更让人感到纠结。

芷涵在离婚后搬回娘家居住，没想到这个决定为她增添了新的烦恼。

母亲是个很爱面子的人，对于芷涵离婚这件事，她一直瞒着亲友，从不提起。为了避免被邻居撞见自己和芷涵在一起，她刻意调整了自己的作息时间。有一次，芷涵从超市购物回来，母亲正在楼下跟邻居聊天，见到芷涵拎着大包小包过来，母亲赶紧结束谈话，匆匆上楼。邻居尴尬地跟芷涵打招呼，眼神中带着同情、怜悯。那一瞬间，芷涵体会到母亲满满的嫌弃。

晚餐时家里的气氛有点压抑，芷涵几次想谈谈刚才的事，但是母亲明显在回避跟芷涵的眼神接触。她给父亲夹菜，菜多到堆满了饭碗。父亲一面说"够了够了"，一面大口扒拉饭菜。这在他们家是不常见的。母亲一直在跟父亲谈论哥哥的工作，哥哥的公司最近开启了一个新项目，而哥哥被提拔为一个小组的负责人。哥哥的公司和母亲退休前的单位有些业务上的联系，母亲不厌其烦地跟父亲讲述其中的人事关系，父亲只有不停地点头应和。

为了能和母亲搭上话，芷涵也开始谈论自己公司里的事情。母亲就像没听见一样毫无反应。芷涵硬着头皮讲到最近在公司遇到的一件小事，她和某个不熟悉的同事产生了一些误会，不过已经化解了。母亲忽然生硬地打断她："要是你和剑飞有这份耐心，何至于走到这一步？"

芷涵惊讶不已，又气愤难当："您知道剑飞是怎么对待我的吗？"

母亲的声音忽然变得很尖锐，脸上的肌肉都扭曲了："你这个人一向看人没眼光，当初我和你爸都不同意，管用吗？现在吃亏了却来抱怨我们！"芷涵泪如雨下，饭也没吃完，就跑出门，在外边转悠到半夜才回家。她并没有期待父母更多的安慰，因为她从小已经习惯不给父母添麻烦。没想到，母亲却在她最脆弱的时候，戳她的伤口。

剑飞是芷涵的前夫，他脾气暴躁，缺乏责任心，参与网络赌球输了很多钱。他还婚内出轨，在朋友圈中炫耀自己和第三者的合影。这段婚姻让芷涵伤痕累累。为了不让父母操心，她很少向父母寻求安慰，自己扛过了最黑暗的时光。直到她跟剑飞约定了离婚日期，她才向母亲透露实情，希望离婚后能搬回家里。当时，母亲的反应出乎意料的平静，芷涵还挺感谢母亲的收留。没想到，母亲竟然以女儿离婚为耻。

安琪离婚后也遇到类似的情况。她曾试着与母亲修复关系，但总是遭到母亲的打击。母亲的挑剔、埋怨、责备，让她感到心寒。母亲似乎根本不懂得怎么安慰人，总是用气急败坏的语气表达意见，用批评和指责来代替关心、安慰。她心里想的可能是希望你吃饱、穿暖，可是从嘴里说出来却变成了讽刺和诅咒。放在以前，安琪只是觉得母亲对她要求高，不容易亲近，现在却明显感到母亲对自己的嫌弃、厌恶。

她尝试跟母亲解释自己离婚的原因，谈话却总是以母亲发脾气为结局。母亲的态度，总是让她回想起与前夫在一起的感觉。安琪甚至觉得，母亲比前夫更让人难以忍受，因为她们之间的血缘关系是割不断的。跟母亲生活在一起，儿时令人不快的记忆会经常浮现，消磨着她们之间仅剩的亲情。在和母亲吵了一架之后，安琪从家里搬了出来。她宁愿独自生活，也不愿重温过去的痛苦。

后知后觉的伤害

自恋虐待幸存者的父母或者兄弟姐妹有自恋问题，这是可以理解的。我们在第 2 章探讨过自恋的父母的养育方式对儿童的成长来说是一个恶劣的环境。有的孩子因为没有形成稳定、真实的自我形象，而成为新一代自恋者。有的孩子因为先天的气质，或者受到父母中的另一方或祖辈温暖、慈爱的滋养，发展出良好的共情能力和自我功能，并没有走上自恋者的老路。这充分说明人格成长的过程中，环境并不是唯一重要的因素。

然而，自恋的父母的自我中心、过度索求、暴怒和贬低，利用奖惩机制操纵孩子，这些做法同样会给孩子造成很大困难。为了适应父母，他们不得不经常妥协，允许父母突破自己的边界，努力满足父母苛刻的要求。他们习惯压抑自己的感受，自尊水平也受到影响。这些习惯性的反应，让他们在自恋型关系中体会到熟悉的感觉，因而更难察觉自恋者的问题。当意识到自己生活不正常时，他们往往已经深陷其中。

令人遗憾的是，人们对家人自恋问题的发现，通常是后知后觉的。人们总是在脱离了成年后的自恋型关系之后，在创伤疗愈的过程中，才意识到自己和家人的关系中也有类似的问题。在分手的混乱与脆弱中，亲情是幸存者重要的人际关系和心理资源。然而自恋的亲人却不能为幸存者提供良好的支持。他们自恋性的反应，比如暴怒、冷漠、埋怨、指责，就像在幸存者的伤口上撒盐，加剧了他们的痛苦。

随着创伤修复的过程走向深入，幸存者会重新审视自己的成长经历，对亲子关系如何影响到自己成年后的亲密关系，有了更深刻的体会。有的幸存者在原生家庭中遭遇过复杂的心理创伤，与父母或兄弟姐妹之间存在心结。在幸存者遭遇生活重大变故之后，过去的创伤体验会被激活，让疗愈过程变得复杂。

在幸存者疗愈团体里，很多人在离开自恋的伴侣之后与家人的关系出现问题，发生冲突或变得疏远，甚至出现断绝来往的极端状况。

是复杂创伤还是分离之痛

一位 30 多岁的男士在提起自己的父亲时仍然愤懑难当，他用恶毒的语言诅咒他的父亲，发誓永不再见面。他认为父亲的专制、残暴、打压，造成了他在成年后遭遇的一系列挫折。我相信他在与父亲的关系中受过很多伤害，因为那些描述太真实、太尖锐，如果不是经历过巨大的痛苦，是很难呈现那种状态的。

然而在他表达了那么多憎恨、不满、决绝之后，他仍然讲述了很多牵挂、纠缠，强烈的、无法满足的诉求，无法果断离开的艰难处境。这种状态，很鲜明地表现出他内心的矛盾：在成年一二十年后，他仍然没有很好地完成与父母的分离，获得心理独立。

其实，人每一步的成长都伴随着分离的创伤。独立行走，就不能再随时与母亲依偎在一起；自作主张，就不再被无微不至地照顾；尝试没做过的事情，是因为对父母感到失望。人生于世，创伤是无法避免的，重要的是我们怎么疗愈创伤。父母的安慰、鼓励可以给我们力量；信任自己，接受挑战，敢于负责，会让我们体会到自己的强大。如果孩子一直把父母看作可以给予一切，又可以剥夺一切的强者，他将永远无法长大。

如果说"足够好"的父母要懂得适时退出，给孩子留下足够的成长空间，那么孩子也要意识到自己与父母的纠葛，是否已经限制自己走得更远。相比于成年后的自恋型关系，人们与自恋的父母的关系，不可避免地会遇到分离的课题。而与父母的"分离"，不是简单地"一走了之"就可以解决的。真正的长大成人，需要在心理上以成年人的角度看待父母，看到他们作为普通人的一面，理解他们的无奈与局限。同时，把自己的感受和问题与父母区别开来，能够平等地、灵活地、建设性地解决问题，让彼此的关系朝前走，而不是停滞在某个状态无法改变。

"他们爱过我，以他们自己的方式"

幸存者与家人中的自恋者相处时，感觉最难接受的，是意识到他们并不爱自己。他们的刻薄、自私、冷漠让此刻无助的你感到绝望。然而，这却是他们习惯的状态，有可能，今生今世他们也摆脱不了。

今后的岁月如何度过？是渐行渐远，还是和平共处？这都需要做出选择。

毕竟，你们之间有过感情，有过温馨平静的时光，这是一个不得不面对的事实。为了这份温馨平静，你曾经付出过多么巨大的努力，哪怕这些努力从未被看到。

如果你能够接受这种解释——他们是在用自己能理解、做到的方式爱着我，内心是不是能平和许多？相比你期待的安慰、鼓励、温暖，他们的爱掺杂着那么多抱怨、忽视、扭曲、责备、干涉，但是对他们来说，那是他们在感觉自己安全、完整的情况下，所能做到的最好。

他们心底里，只是一个渴望关注、容易感到威胁的小孩，只有在觉得足够安全的情况下，才能放松戒备，表现出友善的一面。他们需要别人帮他们映射出更好的自己——聪明、优秀、能干、慷慨、仗义，照顾家人，"自我牺牲""付出了一切"。所以，当他们表现得负面时，你可以安慰自己："他们恨的不是我，而是让他们觉得自己不够好的那个人。"

世上没有"吸渣体质"

拉玛妮博士在自恋虐待幸存者圈子里很出名，很多幸存者正是看着她的视频，才度过了与自恋者分手后最艰难的时光。在各种幸存者群体里，人们彼此分享她的节目，模仿她提到的术语，描述自己的观察和感悟。因此，说拉玛妮博士为中国自恋虐待幸存者群体提供了重要的理论和疗愈方法，并不为过。

"自恋"是精神分析心理学中重要的概念。西方心理学的理论和方法，主要是为了解决西方人的心理问题。西方人的自恋，核心是个人价值的过分张扬。而中国有着深厚的集体主义文化传统，自律、谦卑、守序，在中国人眼里属于正面的特质。大多数中国父母教育孩子，都不鼓励孩子张扬个性。如果单纯从西方价值观的角度看中国人的生活，大多数人都过得太压抑，不健康。但是，对于中国人来说，自律、谦卑、守序的人，恰恰是适应性良好的社会主流。所以，我们不能机械地照搬西方的心理学理论和方法，而是要和中国社会的实际结合起来。

在拉玛妮博士的一期节目中，她提到幸存者的某些特质——高敏感，低自尊，边界不清，有拯救者情结——对自恋者是一种"吸引"。我认为，这确实概括了幸存者的某些特点，符合幸存者的自我体验。但是，我相信拉玛妮博士使用"吸引"这个词，更多是出于传播的考虑。如果不假思索地照搬，容易让创伤未愈的幸存者相信：自己之所以受到伤害，是因为自己有缺点，犯了错误，甚至命中注定会如此。

网络上有个热词叫"吸渣体质"，带有浓厚"受害者有罪论"色彩。这对于受伤害的人是不公平的，这个词本身就包含了对受害者歧视、嘲笑，甚至幸灾乐祸的态度。然而，受伤害的人却无从反驳，因为中国文化强调谦虚、律己、自我反省。事实上，人们受伤害不是因为自己有责任，自己"勾引"别人伤害自己，而是有人做坏事。如果我们不假思索地使用这个词，就会不自觉地吸收其中的消极意义，让本来就孤立无援的幸存者举步维艰。

相比之下，"吸引"这个词虽然相对中性，但仍然是一种主动的行动。如果我们同意幸存者"吸引"了自恋者，也就容易接受"是幸存者主动寻求被虐待"的消极暗示。对此，幸存者若没有清醒的自我觉察，就容易被困在这个角色里。

因为你吸引自恋者，吸引渣男，所以你注定受到伤害。因为你是你（高敏感，低自尊，边界感不强，有拯救者情结），就注定会受到自恋者的伤害，这是你的宿命。幸存者一旦形成这种自我暗示，就难以面对自己的真实经历，难以提高自我疗愈的主动性。

拒绝消极的自我暗示

事实上，自恋虐待关系虽然是一段特殊的经历，但它也是我们生活的一部分。它与我们其他的关系、生活经历相连接、融合，共同构成了我们的真实生活。如果我们始终困在"我很弱，我受到了伤害，我无法得到补偿，世上没有公正"的情绪里，我们今后的生活质量就会大受影响。毕竟，我们离开自恋者，就是为了过上自己期望的生活。

经历过自恋虐待之后，幸存者不仅需要基本的心理资源、情感支持，也需要语义学的支持：学习使用中性的，甚至更积极的语汇来描述自己的感受，表达自己的需求。比如"幸存者"这个词，就比单纯的"受害者"要积极乐观。

在我看来，高敏感，低自尊，边界感不强，有拯救者情结，这确实是幸存者在遇到自恋者之前基本的心理状态和个性特点。在自恋型关系存续期间，这些特质让幸存者更少考虑个人感受和利益，以致在自恋型关系中越陷越深。但是，"吸引"自恋者的并不是这些性格特点——至少不是最早的和唯一的；而是幸存者在容貌、性情、能力、收入等方面的优势，也就是自恋者眼中的"高价值"。也就是说，自恋者不会追求一个不漂亮、不能干，缺乏魅力，仅仅软弱、自卑、容易妥协的人。他只会追逐那些具有"高价值"特征的对象。自恋者渴望和这些"高价值"对象融合，利用和吸收他们的优点，以达到自恋满足。

自恋型关系能够成为现实，离不开自恋者的贪婪、追逐、设计这一系列主动的行为，这一点是必须明确的。即使幸存者没有觉察到自己的"高敏感，低自尊，缺乏边界，容易妥协，有拯救者情结"，他们也不一定会受到自恋虐待——如果他们没有被自恋者追逐的话，他们仍有机会遇到温和、友善的伴侣，收获更具滋养性的亲密关系。

　　还有一个不能忽视的现实：即使童年幸福，从小受到父母包容、鼓励的人，面对自恋者的追逐、诱惑、操纵、虐待，也不能保证不上钩、不受害。只要他们具有自恋者喜爱的"高价值"，一样会成为自恋者的猎物，只不过在伤害程度、逃离难度、治愈难度上会有所区别。这一类人群在自恋虐待幸存者群体中确实占有一定比例。

自恋虐待中的互动模式

　　由此可见，"高敏感，低自尊，边界不清，有拯救者情结"并不是人们受到自恋虐待的根本原因。只有在陷入自恋型关系之后，幸存者的这些特质才会被利用来伤害他们。

　　（1）自恋者用暗示、奖励和惩罚，促使幸存者主动满足他的细微需求。而幸存者希望通过满足自恋者的需求，换取自恋者的认可、关注和"爱"——幸存者心目中童年所缺乏的父母之爱的替代品。

　　（2）自恋者通过贬低幸存者获得自我优越感的满足，幸存者在长期的消极暗示下，低自尊的特质更加明显。因为低自尊，才更容易被自恋者掌控，更难脱离自恋型关系。

　　（3）自恋者习惯性侵犯他人的心理边界，奖励那些无原则的让步，惩罚试图独立的行为。而幸存者在捍卫自己心理边界方面存在困难，不断拿妥协换"和平"，导致自己心理边界不断被突破。

　　（4）自恋者在受到批评和质疑时，不想承担责任，转而扮演受害者。他通过心理投射，将愧疚感转移给幸存者。幸存者容易面临"自救即害人"的困境。而幸存者高敏感、易受暗示的特点，导致他们很容易接受自恋者的情绪投射，将自恋者隐含的指责理解为自己的过错——"伤害"了自恋者，以致不能坚决地、毫无负担地表达自己的需求，维护自己的尊严。

（5）自恋者为了维护虚假的自我形象，需要不断撒谎和篡改事实。而幸存者容易轻信的特质，导致他们不断被自恋者欺骗、蒙蔽。这些谎言一旦被拆穿，幸存者面临的不只是自恋者形象的崩塌，受到牵连的还有他们对人际关系的基本信任。接踵而至的怀疑就像多米诺骨牌倒塌一样，不断瓦解幸存者的自我信任。这正是自恋虐待幸存者面临的巨大困难之一。

像这样的互动模式还有很多。

自我觉醒，才能承担责任

可以这么说，在自恋虐待关系存续期间，幸存者的某些人格特质的确参与了自恋虐待的互动过程。这正是自恋虐待的特殊之处。一个普通人也会被偏执狂怨恨、攻击，但自恋狂更容易伤害那些内心敏感、渴望认可、心怀善意、很难说"不"的人。而不具有这些特质的人，即使被自恋者选作猎物，所受的伤害也较低。

始于自身"高价值"的吸引，受累于某些稳定的人格特质——高敏感，低自尊，边界感不清，有拯救者情结……因不甘受虐而觉醒、远离，以自我修复为终结：这才是一个自恋虐待幸存者所经历的完整过程。

幸存者的故事，应该由幸存者自己来讲。在疗愈过程中，幸存者的自我觉醒意义非凡。这觉醒包括对这些日常言语的解构和重新建构。自我觉察、接纳、重建的过程，能够抵达语义学层面，幸存者就可以成为一个自发的、自觉的、自信的讲述者和创造者，而不是单纯意义上的受害者。此时，就连"幸存者"这个称呼也可以摘掉了。

"一个巴掌拍不响"，这是幸存者在疗愈初期经常听到的劝说之词。没有亲历自恋虐待的人，无法理解这句话对幸存者造成的伤害。在幸存者看来，这句话就等于在说："是你招来那个坏人""你喜欢受苦""你逃不脱被伤害的境地"。因为幸存者还生活在悔恨和自责中，不知情者的指责无异于雪上加霜。

然而，如果这句话由幸存者本人自己亲口说出——无论是自言自语，还是对人讲述，都意味着：他已经经历了自我疗愈的完整过程，成为一个健康、自信、有弹性、肯负责的新的自己了。

幸存者疗愈的四个阶段

心理学认为，人们在经历过重大打击之后，情绪上会经历五个阶段：否认、愤怒、妥协、抑郁、接受现实。我们可以回想一下，我们遇到亲人离世、重大伤病、离婚或失业的打击，有没有过类似的感受。

所谓否认，就是心理上拒绝接受现实，假装什么也没有发生，靠这个自我麻痹，不去触碰痛苦的感受。这个阶段不会持续太久。

接下来就是愤怒阶段，面对损失和伤害，人们会爆发怒火，抗议命运不公，斥责作恶之辈，希望有人来为自己的损失负责。

接下来是妥协阶段，又叫讨价还价阶段，就是不断假设事故没有发生的局面，希望能减轻自己的愧疚感。例如"如果我不和他吵架，他就不会冲出去乱走，也就不会遇到车祸了""如果我能早一点发现他的异常，多关心他一点，他就不会自杀了""如果他能更爱惜自己的身体，就不会得这个病了"。

当人们发现再多的假设也不会改变事实，就会陷入抑郁状态，为自己所失去的东西感到悲伤、难过。

然而这也不会一直持续下去，人们最终会接受现实，悲哀得到缓解，开始正常生活。一般来说，这个过程可能持续半年左右。

自恋虐待创伤的恢复，会比这个过程复杂一些。因为其中还涉及自我觉察、自我成长的任务。但是总体上，幸存者从创伤带来的混乱状态，到恢复正常的生活状态，可能会经历一到两年的时间。健康的人格结构，具有自我修复的潜质。就像原本健康的肌体，受伤后免疫系统会激活，帮助人们恢复健康。人的内心深处也有这样的潜力，这是生命的本能。

站在幸存者角度来看，一次完整的治愈过程，自恋者的形象会经历四个阶段的蜕变——"恶人""病人""死人"和"路人"。这些变化反映出幸存者对伤害的认知和自我疗愈的努力，而这些努力是幸存者得到治愈的决定性因素。

1. "恶人"阶段

自恋型关系的破裂，始于幸存者对关系的绝望，以及自身价值的觉醒。所以在疗愈的第一阶段，幸存者必然爆发出大量的愤怒、憎恨，甚至出现攻击行为。有的人对自恋者奋起反抗，有的人情绪激动，好争辩，不再容易妥协。很多人反映，那是个混乱的时期，自己仿佛变了一个人，连自己都不认识了。

不要慌张，也不要自责，这些都是一个经历过残忍对待的人的正常反应。适当地表达愤怒，能让幸存者顺利进入下一个阶段——抑郁和哀悼。如果在这个阶段不能表达愤怒，或者有意识地加以回避，被压抑的攻击性就会向内发展，让幸存者陷入错综复杂的抑郁状态，变得虚弱无力，无法集中精力投入工作和生活。

对幸存者来说，抑郁是必经的阶段。但是，比起那些很难表达愤怒的人来说，能够正常表达愤怒的幸存者，抑郁程度要轻得多。

"对方是恶人，我是受害者，我受到极大的伤害。"这种认知为第一阶段的幸存者提供了最方便、最合理的解释，让他们可以没有负担地发泄愤怒。在最初的脆弱阶段，这种认知可以提供最基本的保护。幸存者跟亲近的人讲述自恋者的恶劣行为，或者在社交媒体上发泄，这其实是一种积极的行为，也是可以理解和包容的。幸存者遭遇的折磨能够说出口，对缓解他们的情绪压力有很大帮助，因为长期以来，他们都是默默忍耐，超过了极限。一个人能够讲清楚自己经历了什么，本身就是在努力恢复理智和自主能力。

如果幸存者把这种愤怒付诸行动，去报复伤害自己的自恋者，那么幸存者的负面情绪可能会被自恋者利用，成为他攻击、诽谤幸存者的理由。从道理上来说，自恋者害怕报复。但是报复的行为，会让幸存者与自恋者越卷越深，治愈的过程会变得更复杂。

为了避免被自恋者利用，幸存者可以选择在安全的环境下表达愤怒。比如写日记记录自己的心情；向信任的亲友说出真相；接受心理咨询；参加疗愈团体；也可以模仿"空椅子游戏"的形式，向不在场的自恋者宣泄怒火。

2. "病人"阶段

在自助心理的驱使下，幸存者开始寻找更合理的解释。各种科普文章、视频、书籍，充当了他们走出自我封闭的媒介。

"他是病人，我才是健康的。"这种认知也可以帮助幸存者恢复自信。毕竟，长期被贬低、无视的经历，已经降低了幸存者的自尊，动摇了他们的判断力。

随着幸存者知识储备的增多，他们的头脑越来越清醒。如果说离开自恋者可能是愤怒绝望之下的感性选择，那么在这个时候，幸存者已经清楚地意识到这种关系是不合理的，离开是一种积极的选择。他们知道自己回不去了，因为不能寄希望于一个病人给出健康人的回应，于是，他们陷入悲哀和自怜当中。

其实，这一阶段也是很有必要的，哀悼与告别在这里完成。他们终于可以接受自己在一段没有希望的关系中浪费了生命。

然而这个时候，他们还很难把关注的目光投向自身。创伤反应不断浮现，让他们陷入两难的境地。过去虽然是不堪的，但也是自己的生活，他们很难说服自己放下过去。

所以，"病人"这个阶段可能会持续很长时间。他们会不断寻找各种资料，来验证过去的经历，而较少谈及自己和未来的生活。现在网络上各种资料可以轻易得到，客观上也延长了这个阶段。

然而，治愈要继续，生活要开展，就离不开下一个阶段的到来。幸存者终将面对一个完全没有自恋者影响的生活。

3. "死人"阶段

对自恋者不关注，不回应，接受心理咨询，参加疗愈团体，练习自我觉察，自我接纳，幸存者开始进入一个自觉疗愈的阶段。把对方当"死人"看待，可以把关注的目光放到自己身上，更好地关心自己、理解自己，而不是像以前那样，过于关心自恋障碍方面的问题，情绪、认知容易受到自恋者的影响。

他们开始认真思考自己，我何以会陷入这种病态的关系？随着自我觉察的深入，原生家庭的问题将会被纳入视野。他们在与家人的关系中找到一些线索，并试图求得改善。这种积极的行为带来的不一定都是愉快的体验。为了隔绝痛苦，有人会减少来往，有人会降低期待，理性开始保护他们的情感世界。

"他是死人，他的愿望和需求无关紧要；我是活人，我的愿望和需求才是最要紧的。"这种认知可以帮助幸存者鼓起勇气，承担起自己生活的责任。很多幸存者会讲述自己变得贪睡、迟钝，不像过去那么敏感、纠结，这都是正常的反应，说明你的精神世界已经开启自我修复的动作。远离应激源是人本能的反应。

这个时候的自恋者，真就像一个死人一样，再难激起幸存者内心的波澜。他们越来越少提及自恋者这个人，关注的视野也越来越广，并尝试主动建立新的关系。

4. "路人"阶段

"他是路人，我才是生活的主角。"这种认知会让幸存者更积极地看待自己，投入新的生活。

几经反复，生活终究会恢复正常，幸存者必然会在新的生活中体验自我的成长。他们可以识别有害的行为，但不会草木皆兵，过度防备。他们已经知道，人不可能是完美的，全黑全白的思维方式束缚的是自己。他们允许自己有缺点，自我接纳程度更高。他们学会修复自我边界的方法，不再把个人价值和他人的态度联系起来。对于那些有意无意的冒犯，他们不再允许，但也不再介意。他们变得更积极，态度更富有弹性。

这个阶段里，幸存者可以用更平和的心态看待自恋者。即使自恋者再度出现，或者在生活中遇到类似的人，也不再能伤害到幸存者。这是完全治愈的阶段，一个"无恶不作"、令人恐惧绝望的"大恶人"，终于成为一个无关紧要的"路人甲"。他所有那些攻击、纠缠，自以为是的蔑视，别有用心的操纵，全都失去了效力。幸存者的自尊变得稳定，自主性增强，更习惯从自己的角度出发看待过去的经历，而不是过度关注自恋障碍的症状，在意识层面把自己和自恋者解锁。

通过完整的四个阶段，幸存者的创伤得到疗愈，自我得到修复、重建。他们能够接受过去，对新的关系有信心，对平等互惠有了更深的认识，更懂得维护自己的利益。他们变得更自信，更坦然，更能接受生活的多种可能。

再抚育——幸存者自助性团体的疗愈作用

人格障碍的诊断和治疗，在中国的医疗体系中并没有得到足够的重视，这是我们需要面对的现实。因为中国巨大的人口基数，对重型精神疾病的治疗、救助，已经占据了绝大部分医疗资源。而且，由于心理教育的缺乏，大多数中国人对于心理问题的病耻感是非常强烈的。这就导致大多数人格障碍者，实际上很难得到诊断、治疗，更何况他们本身求助愿望非常低。他们人格问题造成的损害，几乎都是由与他们关系密切的个人来承担。

接受一对一的心理咨询，可以帮助幸存者更好地处理创伤，获得抚慰和成长。而咨询师本人必须有足够的心理创伤咨询经验，才能更好地帮助幸存者。经验不足的咨询师，很可能给幸存者带来不必要的伤害。

医院和心理机构有团体治疗的服务，收费相比一对一心理咨询要低，可在专业治疗师的引导下，定期开展小组讨论和有关治疗活动，达到治疗的目的。但是，需要保证参与团体治疗的人都属于同一种情况，才能发挥治疗作用。

我在这里要讲的实际上是一种幸存者自助性质的团体疗愈，通过网络或线下活动的方式，将经历过自恋虐待的幸存者集合起来。在这样的团体里，所有的参与者都有相似的经历，彼此更容易达成信任和支持的关系，而不是机构团体治疗中单纯的"专家—患者"关系。

自助性疗愈团体里的人际关系

在一对一心理咨询中，良好的咨访关系是最重要的治疗因素。而疗愈团体的人际关系设定，也是非常重要的治疗因子。团体的召集人需要意识到这一点：团体内的人际关系，是对现实人际关系的模仿和练习。团体内发生的人际冲突，既是个体症状的反应，也是对团体运行的适应或对抗，本身就是需要讨论的重点议题。团体的作用，就是为拥有近似症状的个人提供一个安全的成长环境，让团员有机会觉察自己的反应模式，并练习以建设性的方式与他人相处，提高自己的适应能力。

在机构开办的团体治疗中，由专业的治疗师召集同一症状的患者人群，并在团体中充当权威角色。这种角色分工，与人们所熟悉的上下级关系、权威型父母主导的亲子关系很相似。所以，人们在这样的团体中活动，已经习得的沟通模式会被激活。治疗师的角色就像是父母，负责维护秩序，主持公道；而团员就像是兄弟姐妹，既亲近又竞争。团员在与假想父母和假想兄弟姐妹（童年伙伴）的碰撞中，逐渐觉察自己的困惑和纠结，并在治疗师的指导和其他团员的帮助下，提高自己解决问题的能力。

在民间自发成立的疗愈团体中，若能有专业人士加入，对团体的运行会是一个积极因素。

首先，他们的专业知识在保证团员"资质"方面很有帮助。因为网络交流的特点，申请加入幸存者疗愈团体的人不见得都是自恋虐待幸存者。那些遇到普通人际关系冲突和情绪问题的人，待在一个创伤疗愈团体里并没有太大帮助。而有的人本身就是给别人带来痛苦的人，却又觉得自己是受害者，也会申请加入疗愈团体。如果召集人缺乏足够的鉴别能力，允许这样的人进入团体，他们很快就会在群内挑起冲突，给真正需要帮助的人造成不必要的困扰。

其次，作为疗愈团体的召集人，他们需要对自己在团体中的角色保持清醒的意识，对团体的目标有清晰的定位，并对团体之中的互动保持充分的敏感，还要有很强的抗压能力。可以说，团体疗愈对召集人的考验是全方位的。一个合格的咨询师，并不一定就是好的团体治疗师。召集人也需要在团体中保持开放，学会成长。

他们的权威性并不体现在对知识本身的解读，或者以强硬的手段维持秩序；而是体现在对当下状况的敏锐观察，能够促进团体始终朝着既定的目标前进。这样，他们才不会受困于自己的权威地位，让团体交流失去应有的活力。

完全没有专业人士参加的疗愈团体，只能是一种心理支持性团体，而治疗意义不足，因为大家意识不到疗愈团体与现实生活的联系和区别。在现实里发生的人际关系冲突，一样会在疗愈团体里上演。而没有人对此有所觉察，交流的建设性、目的性都会衰减。这样的团体会停留在低水平的情绪宣泄层面，而帮助个体得到成长的功能却不明显。

由于缺少专业人士的经验，团员的情况就会变得复杂。某些本身人格上极具操控性的个体，就会在新的团体中逐渐占据上风。这不仅会影响整个团体的健康运行，也会让寻求治疗的团员受到新的伤害。

冲突的意义

疗愈团体里出现的冲突，大致可以分成以下两种情况。

1. 团员之间的冲突

同样是受过自恋虐待，同样有原生家庭的困扰，但团员之间对问题的认识不会是完全一致的。在疗愈团体中，人们必然会触及深层的观念冲突。对恶劣的父母是要断交还是要忍耐，对伴侣的出轨、暴力问题应该如何对待，每个人都会有自己的看法。当人们坦诚地交流，他们就会发现自己看成金科玉律的东西，可能别人并不那么看重。这就是观念上的冲突。

还有就是行为上的冲突，这主要是由团员之间的性格气质不同带来的。有的人活泼开朗，有的人温和平静，有的人紧张羞怯。在团体交流时，个人行事风格的不同，也会带来冲突。

2. 团员与召集人之间的冲突

团员觉得召集人处理问题不够公平，或者被召集人权威的态度激怒，攻击召集人，也是疗愈团体中常见的冲突。召集人也会对团员产生怨恨，因为自己的辛苦没有被理解、接纳。这是召集人自己的问题在团体中被激活了。

在疗愈团体里，冲突是有意义的。因为通过冲突，人们可以看到其他人怎么看待自己的生活，怎么处理遇到的问题。在疗愈团体中爆发的冲突，其伤害性是可以即时觉察的，因而也是可控的。通过亲身参与建设性地处理冲突的过程，人们可以体验到自身能力的提高、适应性的增强。从这个角度看，冲突爆发的时候，也是团员获得成长的窗口期。通过坦诚地面对问题、交流看法、表达感受，人们认知的维度会丰富，适应力会增强。

有经验的召集人，能够敏锐地观察到窗口期的出现。他会以灵活的态度，引导大家关注重要的问题，促进交流氛围的形成。而缺乏经验的召集人，会尽力避免冲突，或者用简单的方式压制、惩罚冲突的一方。这样做不仅错失了交流的机会，也会在团体中形成一种虚假的氛围，仿佛大家都是为了召集人的面子而避免冲突，缺乏解决问题的诚意。

我说冲突有意义，却不意味着所有的冲突都必须得到及时的、彻底的解决。事实上，人们可以在这样的练习中意识到冲突对我们个人生活的意义，从而觉察到自己对冲突的态度，让自己拥有更宽松的心理空间。

必要的约定

团体治疗不能代替个体治疗，也不能承诺满足个体无限的治疗需求，只能在一个明确的框架里，达到一个平均疗愈水平。在团体成立的初期，大家需要对团体的目标、活动方式、需要遵守的规则有明确的约定。每个参与到团体中的人，都需要清楚自己追求的是什么、将要遇到什么，以及需要做些什么。必要的约定会保证团体运行的效率，减少不必要的争执。

　　团体中的个人，在疗愈阶段上不能相差太大，否则会对"新来者"造成压力，也会拖慢"老团员"的疗愈节奏。分期加入比较好。目前来看，我召集的自恋虐待幸存者疗愈团体，平均疗愈时间超过半年的团员，恢复效果都比较好。这需要在团员入团的初期进行适当的调查和评估。

　　疗愈团体中应用的治疗理念和技术，可以根据团员的基本需求选择，也要考虑召集人本身的受训经历、技术风格。若团员普遍人格水平较高，像创伤疗愈团体这样，人本主义和认知行为就可以适用。若是团员普遍有触及人格结构调整的需求，那么需要团体召集人具有心理动力学或客体关系方面的工作经验。

　　一个好的疗愈团体，对幸存者来说是重要的心理资源。然而，就像在一对一的心理咨询中一样，团体疗愈是为了提高人们在现实生活中的适应能力，而不是取代现实生活。过度依赖和难以分离，也会妨碍人们在现实生活中取得进展。

你应该了解的冷知识：什么是"复杂性创伤后应激障碍"

想要了解什么是复杂性创伤，首先要了解什么是精神创伤。我们生活中的有些事件，会在人身上引起强烈的心理、情绪，甚至生理的不正常状态。这种状态就叫精神创伤，又称为心理创伤。

造成精神创伤的事件，一方面都是对于个人来说异乎寻常的、非常严重的伤害性事件，比如经历严重的自然灾害、战争、严重的车祸、严重的刑事犯罪（强奸、绑架或其他暴力犯罪），目睹亲人或他人死亡；另一方面是指个人生活中的重大变故，比如离婚、失恋、失业、破产、被亲人背叛或遗弃。

精神创伤按照严重程度分为三级。

（1）**轻度精神创伤：**表现为情绪低落、心灰意冷、抑郁焦虑、疏远人群、自我封闭等。轻度的精神创伤持续时间不长，一般不超过三个月。在亲友关心、开导和自我调节下就可以痊愈，一般不需要专业治疗。

（2）**中度精神创伤：**表现为长时间的情绪低落、悲观厌世、社会性孤独自闭，或严重的睡眠障碍、焦虑紧张、恐惧胆小，甚至出现自杀倾向。持续时间一般超过三个月。服用抗抑郁、抗焦虑药物效果不明显，需要接受心理治疗，再辅以药物治疗。

（3）重度精神创伤： 又称创伤后应激障碍（post-traumatic stress disorder，PTSD）。除了上面两种症状之外，还有典型的症状就是创伤再体验，又称创伤闪回，表现为脑海中反复重现伤害性事件的画面，不仅做梦时会梦到，清醒时也会重演。患者还会出现警觉性增高（易激惹）以及回避或麻木等症状。严重虐待的幸存者、自然灾害的亲历者、退伍军人是创伤后应激障碍的高发人群。

创伤后应激障碍不一定在创伤后立即出现，有人会在创伤事件后三个月，甚至半年之后才出现有关症状。

美国 DSM-4 对创伤后应激障碍有以下诊断标准。

（1）经历过创伤性事件，且该事件涉及死亡或者威胁到生命安全，患者亲身经历或者面临该事件。患者反应为严重的恐慌和无助。

（2）在经历创伤性事件的时候或之后，患者出现以下症状中三种以上：缺乏情感的主观感觉，感到麻木、与社会脱节；感觉自己迷迷糊糊，对周围环境意识程度降低；感觉事件不真实；选择性遗忘；人格解体，即对自身的关注度加强，但是感觉到的自我的全部或部分不真实。

（3）对于创伤性事件有持续重复的体验，如回忆、错觉、幻觉、梦境等，或再次面临与创伤性事件有关的场景、人物等感到痛苦。

（4）对于可以唤起创伤的回忆表现出显著的回避。

（5）焦虑症状和警觉程度增高，比如入睡困难、易激惹等，症状至少持续一个月。

以上五种症状导致社会、工作或学习等领域的功能受损，影响其能力。

我们可以看到，创伤后应激障碍的特点，是由独立的、显著的创伤性事件引发的，人的创伤反应与该事件有明显的因果关系。而有一种征候，与创伤后应激障碍的反应非常相似，然而却是由一系列复杂事件引起的，具有长期性、重复性，多发生在人与人之间的虐待性关系之中，比如家庭暴力、性侵和性虐待、精神虐待、校园欺凌等。

2018 年，世卫组织发布了《国际疾病分类第十一次修订本》（ICD–11），正式将**复杂性创伤后应激障碍**(complex post-traumatic stress disorder，CPTSD) 列入其中。

CPTSD 的主要症状包括以下五个方面。

（1）**情绪闪回**：一种突然发生且持续时间较长的退行，将创伤事件中感受到的恐惧、羞耻、疏离、愤怒等情绪带到了现在。

（2）**毒性羞耻感**：一种觉得自己毫无价值的感觉，将他人的不良对待转变成自己对自己的一种不良信念；面对外在贬低时，不敢质问，不敢挑战，认为是自己不够好。

（3）**自我遗弃**：拒绝、压抑或忽视自身的某一部分，认为自己不配获得帮助，只能在羞愧中活着；被动自杀意念也是自我遗弃的常见表现。

（4）**恶性内在批判**：对自己有破坏性评价，这是对他人的负面评价的内化；认为自己毫无价值、一无是处，不断批判自己的缺点。

（5）**社交焦虑**：对社交场合的长期而强烈的恐惧，对个体的生活有很大的影响。

第 **5** 章

勇敢走向新生活

幸存者会变成另一个自恋者吗

我们再也回不到过去了

世界虽然不够好，但我已经比过去更强大了

"富有而不自知"——与自恋者共存的世界

重新拥有爱的能力

你应该了解的冷知识：法律禁止虐待妇女

幸存者会变成另一个自恋者吗

原本深受自恋者伤害，现在自己逐渐好起来了，反而会觉得自己有自恋的毛病，这种现象在很多幸存者身上都发生过。

文翰在与雨婷分手后，跟他的上司发生了一些冲突。他觉得这位上司说话的语气、做事的习惯、看人的表情都让他想起雨婷。

这位上司专业能力不强，却喜欢挑人毛病，抓住下属一点小错就要上纲上线。他还喜欢随兴之所至给下属安排新的任务，经常拿出异想天开的点子，要求下属落实，既不考虑可行性，又不考虑部门的整体安排。如果出现问题，他就会把责任推到下属身上。他热衷于搞小帮派，拉拢亲信，给那些不驯服的下属穿小鞋。

在过去，文翰都是兢兢业业做好本职工作，力求每个细节都无可挑剔，避免被上司鸡蛋里挑骨头；在上司交办工作时做好充分的预案，避免遇到突发事件被上司找碴。为了不被上司当作打击异己的对象，文翰还参加了几次上司组织的聚会，主动向他示好。文翰觉得，这样的努力结果还算能接受：在上司眼里，自己既不是眼中钉肉中刺，也算不上毫无原则的马屁精。

和雨婷分手之后，文翰很长一段时间情绪低落，他缺席了几次上司组织的活动，被上司阴阳怪气了几次。他觉得这没什么，只要工作不出岔子，你能把我怎样？后来有一次，上司又临时给大家派活，而且完全是计划外的，要求不明确，时间又卡得很紧。文翰能感觉出来，同事们都心怀不满，却不敢表露出来。文翰因为睡眠不好，精力受影响，忍不住打了个哈欠，把材料扔在桌上，发出明显的声响。上司就说文翰针对他，故意消极怠工，影响士气。文翰本来想解释几句，可是看到同事惶恐的眼神，突然就绷不住了："你以为你是什么人？要什么大爷威风？专业什么都不懂，就知道瞎指挥！"

上司气得涨红了脸，指着文翰的鼻子骂道："你是什么东西？敢不服从公司统一安排？"

文翰毫不相让："什么公司统一安排？分明是你异想天开！我提醒你，你说话客气一点，我是公司的雇员，不是你的私人奴隶！"

"你你你……你这是想造反啊！"

"你什么你？你又不是皇帝，什么造反不造反的？你没事瞎指挥，同事们早就对你一肚皮意见了。"

"谁？谁对我有意见？你说出名字来！"

看到两人吵到这个地步，大家纷纷上来劝架。有和文翰熟悉的同事，把文翰拉到另一间办公室："平时你都能忍的，怎么今天这么冲动？大家都不说话，就你当面给他难堪，以后他肯定针对你呀。"

"大不了不在这儿混了，天天受这个窝囊气不值得。"

现在文翰想起这事儿，也觉得自己当时有点冲动。除了这名上司让人讨厌，文翰对公司哪儿都挺满意。但是，他不后悔自己骂了上司，反而觉得发泄出来有种莫名的畅快感。这几年，自己过得太憋屈了。

他忐忑着，不知道上司什么时候对他下手。不久，大领导找几个中层谈话，了解他们对这名上司的意见。后来，上司被调离原岗位，不再主管文翰的部门，文翰才松了一口气。

经过这件事，文翰意识到自己骨子里也有很刚的成分，有时候他甚至有些许怀疑：是不是自己也有些自恋？因为自从那件事之后，同事们看自己的眼神也变了，跟自己说话都很注意措辞。以前经常有人请文翰帮忙做自己分内的事，文翰虽然觉得很累，但不知道怎么拒绝。现在，再也没有人这么做了。

重新认识自己的攻击性

幸存者身上的攻击性，是一个不得不面对的话题，也是一个不得不处理的心结。我们的生活中，开始出现越来越多的对抗、冲突，激烈的言语、行为、态度，让我们感觉很不习惯。

在疗愈阶段早期，幸存者会呈现情绪不稳定、容易激惹的状态。站在周围人的立场看，幸存者好像忽然变粗暴了，不再那么好说话。首先我们需要意识到，这是一种创伤反应。幸存者并不是没有攻击性，而是一直在压抑自己的攻击性。在创伤状态下，人更多被恐惧主宰，情绪控制能力变差，长期压抑的攻击性才得以表达，就像压力超负荷的容器开始漏气一样。

在疗愈阶段晚期，幸存者的情绪状态已经变得比较稳定，内心的混乱得到梳理。经过一段时间的情绪调整、认知改变，幸存者已经能够接受"丧失"，表现出越来越多的积极情绪和行为。伴随着自我修复走向深入，幸存者不得不触碰自身攻击性的话题。

在道德、文化层面，攻击性与利他行为是相互矛盾、不能兼容的。个体走向社会，与他人建立有意义的连接，必然伴随着对攻击性的抑制、克服。可以说，过强的攻击性必然会伤害关系的质量，同时意味着个体对他人更大的敌意，也意味着个体内在的混乱、防御状态。

而个体逐渐成熟、社会化的过程，也就是内在自我整合更充分的过程。一个人自我觉察、自我认可越充分，他的内心就越协调，相应地，他向外表达攻击性也就越稀少。

在幸存者成长的过程中，攻击性受到养育环境的压抑，而缺少自我觉察的过程。强势父母的养育方式，还有长期的自我塑造，使得很多人无法正常表达攻击性。其实，攻击性也是一种生物的本能，而合作、乐群、利他是教化的结果。教化并不能消灭本性，我们只是在协调本性、适应社会中逐渐认识自己，形成属于自己的价值观和行事风格。

幸存者习惯于把攻击性看作"坏东西"而有意识地加以回避，这是社会适应良好的表现。但是攻击性仍然是个人身上存在的基本冲动。我们想要捍卫自己的利益，反抗那些侵犯者，这种本能会保护我们的安全。我们无须为自己有攻击性而焦虑，甚至自我谴责。幸存者的反抗，与自恋者对他人的剥削、欺凌有本质区别。

幸存者不会变成自恋者

幸存者在了解更多的自恋知识之后，可能会下意识地与自恋者划清界限。这样做的逻辑是："因为伤害我的人是邪恶的，所以我不能有自恋者身上那些缺点。"当发现自己身上有一些自恋的属性，幸存者觉得困惑：难道我的判断是错的？难道我才是那个自恋者？其实，这种忧虑是不必要的。

首先，我们需要了解自恋（健康自恋）与自恋障碍（病理性自恋）是两个概念。自恋是我们每个人成长过程中都会遇到的问题，也是组成我们人格结构的重要成分。其次，我们需要觉得自己是好的、特别的、有才能的，渴望得到关注和重视，这有利于人维持较高、较稳定的自尊水平。那些我们生活中熟悉的性格开朗、友善乐观的人，认真工作、积极进取的人，都是有着健康自恋的人。一个完全不自恋的人是不存在的，没有必要谈虎色变。

我们之所以能平衡自恋需求和友善、利他行为之间的矛盾，是因为在我们的成长经历中，自恋的需求得到过很好的满足。我们得到过高质量的陪伴、关注、理解、接纳，所以我们能建立稳定的自我形象，不会那么轻易就感受到外界的威胁。这种心理支持，不局限于我们的父母，也广泛存在于周围的环境。慈爱的祖辈、有爱心的老师、友善的同伴、包容的伴侣，都可以给我们积极的反馈，满足我们对自恋的需求。我们积极寻求支持，也得到了支持，所以我们的内心是丰盈的、平衡的。

相比之下，自恋者的成长经历是贫瘠的、匮乏的，在自恋方面，他始终处于"欲求不满"的状态。他固守着婴儿期那种原始、笨拙的自我保护方式，在成年人的世界里艰难行走，不得不经常体验到外界的威胁。久而久之，保护自恋就成了他心目中的头等大事。慢慢地，这成为一种僵化的反应模式：自恋者必须在大量情境下首先满足自恋的需求，甚至不惜牺牲他人的利益来保护自我形象免受威胁。这就是自恋障碍的形成过程。

另外，幸存者在创伤状态会体验到类似自恋者的解离反应。解离是一种防御状态，指的是知觉与感受的隔离。当个体遭遇无法逃离的巨大伤害时，人会下意识地隔绝感受，变得麻木、迟钝、空虚。儿童时期的虐待、性虐待会触发解离状态，创伤后应激障碍也会触发解离反应。对于健康的成年人来说，精神创伤引发的解离反应，会随着创伤的治愈而逐渐消失。而对自恋型人格障碍者来说，童年的恐惧已经根植心底，难以觉察，解离反应已经被整合进他的人格结构。所以自恋者日常会表现出空虚、麻木、情感体验匮乏的状态。这和幸存者的创伤反应有本质区别。

健康的人格结构，拥有足够的弹性，这是幸存者得到治愈的有利条件。幸存者不会因为成年后的精神创伤而动摇根基，最终会走出阴霾，重新拥有自主的人生。

我们再也回不到过去了

经历过自恋虐待，治愈了自己，这是一段难忘的经历，我们的生活会发生很大改变。我们要做的，就是接受这个改变，理解并喜欢新的自己。

晴岚与景辉分手后，经历过很长一段低谷期。

她在这段恋爱中倾注了很多精力，甚至为此辞去工作，回到老家。现在三年过去了，两个人分分合合，最终还是没有走到一起。

三年前的晴岚，漂亮开朗，温柔多情，正在一线城市为事业打拼。而在老家亲友看来，景辉是一位标准的"钻石王老五"，正是晴岚可遇不可求的结婚对象。当时景辉30多岁，没有婚史，年入百万，相貌虽说够不上大帅哥，也是高高大大，阳刚气十足。而且，景辉结婚的意愿是真诚的，只是忙于事业，一直没遇到合适的人。像晴岚这么优秀的女孩子，只要能被景辉看中，那下半辈子衣食无忧的生活就指日可待了。

然而相处下来，个中滋味却是一言难尽。晴岚总觉得景辉对她有一种骨子里的不信任和疏远。他总是有意无意地讲述他创业过程的艰难、遇到的屈辱和背叛，听起来让人脊背发凉，好像他身边每个人都不怀好意，都要算计和陷害他。为了避免被景辉指责她贪财，在整个恋爱的三年中，他们一直都是 AA 制。只要景辉送她礼物，晴岚准会回赠一份价格略高的。

据晴岚观察，景辉并没有真正的朋友。他除了在生意场上吃喝应酬，私下里总是一副阴沉沉的表情，懒得说话，懒得动弹。

景辉也从来没讲过自己的恋爱经历，但是对晴岚的感情经历，他倒了解得很详细，以至于在两个人吵架时，景辉偶尔说出的话，都能精准地击中她心中的痛点。

最让晴岚受不了的，是景辉阴郁的性格。晴岚是一位开朗随和的女孩，爱说爱笑，有很多兴趣爱好。然而景辉对晴岚喜欢的东西却从不关心，没有表现出一点回应。当晴岚为一些小事而开怀时，景辉会皱着眉头看着她，仿佛在看一个小丑。他甚至会斥责晴岚，觉得她在朋友面前表现得"轻浮""没素质"。时间一长，晴岚学会了看景辉脸色行事，小心在意自己的表情动作，以免惹恼景辉。这让她感到非常压抑。

景辉还喜欢教训晴岚，批评她不懂察言观色，脑子笨，不会处理人际关系。他吹嘘自己怎么计高一筹，挫败别人的阴谋，把晴岚的交往圈贬得一文不值。

晴岚回忆起在一起这三年多，除了最早那三个月，她竟然没有开心地大笑过。跟景辉在一起，她总是莫名紧张。她睡眠不好，晚上总是做噩梦，梦见掉进泥潭爬不出来，梦见被怪兽追逐，梦见被人掐住脖子，无法呼吸。到了白天，晴岚精神涣散，注意力不集中，容易丢三落四。她皮肤变差，脱发严重，甚至连眉毛都掉了，每天都要花很长时间画好眉毛才能出门。而她画眉时，景辉就一副不耐烦的神情，让她觉得自己给景辉添麻烦了，配不上他。

他们闹过几次分手，然而无论当时发生了什么，最后都是以晴岚道歉、认错收场。晴岚觉得很憋屈，但她说不过景辉。景辉的口才太好了，他让晴岚觉得所有的冲突都是因为她不懂珍惜、感恩造成的。到后来，只要跟景辉谈过话，晴岚回家就要呕吐不止，一连要吐好几天，让父母怀疑她怀孕了。晴岚到医院检查身体，医生也看不出任何问题，只是嘱咐她多放松、多休息。

在最后一次分手过后，晴岚接触到有关 NPD 的信息，才意识到自己这些反应都是自恋虐待的感受。她忍着没有去求复合，拒绝了亲友的说合，挂断过景辉的电话。半年多之后，她得到景辉结婚的信息，对象是一位比他小七八岁的年轻女孩。

这时候，晴岚打工的那家小公司倒闭了。本来景辉向她许诺过，结婚后要她做全职太太，所以这几年晴岚也没太操心工作的事。现在婚姻成了泡影，工作不稳定，身体又不好，晴岚感到生活跟她开了一个巨大的玩笑。

放下执念，接受生活的改变

无论你经历过什么，心里有多少委屈和不甘，生活都在向前走。而我们要做的，就是跟上生活的脚步。

我们过往的经历，总会在我们身上留下痕迹。婴儿的眼睛是最清澈的，因为他什么都没经历过。我们走过的路，无论是好是坏，都留下了我们真实的足迹。尊重自己，也要尊重自己的经历。生活的意义，需要我们自己去赋予。经历过伤痛，才更知道快乐和自由的可贵。重要的是，我们重新拥有了完整的自己，拥有了对生活的决定权、解释权。

如果你完整地经历过我们在上一章所讲的四个阶段，相信你现在的生活已经有了很大改变。就像身体一样，我们的精神也有很大的自愈能力，对于摆脱痛苦、更好地生活有强烈而清晰的愿望。正是这一点，让我们有勇气走过那段艰难的路，而后在新的起点上重新开始。

生活不会一成不变，我们身边的人也会来来去去，随缘聚散。每一个选择，都有当下的必然。那些可怕的事真实地发生过，然而都不足以让我们放弃对生活的热爱、对幸福的追求。我们能接受自己的过去，接受失去的无法弥补，明白拥有的无比珍贵，也就能过好现在，拥抱未来了。

与景辉分手一年多，晴岚的身体健康逐渐恢复，脱发停止，睡眠改善，莫名呕吐的现象再也没有发生过，整个人的精神状态，跟与景辉在一起时相比好了很多。她的皮肤重新变得白皙，眼睛里也有了神采。她不再纠结于"没能在 30 岁前嫁出去"，而是积极投身新生活。她离开家乡，在大城市找到了新工作，交到了新朋友，每一天都在为自己的幸福而努力，她感觉内心很充实。

不久前，她听老家的亲友传闻，景辉可能要离婚了。是女方提的，这件事在当地闹得动静挺大的，最直接的原因听说是家庭暴力。看来，不愿忍受虐待的人不止她一个。

从小到大，晴岚都是个乖乖女，从不忍心违背父母的心意，只有在这件事上，她坚持了自己的意见。现在景辉离婚的事情传开，父母也不再唠叨什么了。

在成人的世界里，尊敬比爱更重要

晴岚现在的工作是做业务，为了完成业绩，她不得不跟各种类型的客户打交道。每到月底考核，她都会很有压力。同事之间的竞争，也让她感到焦虑。在过去，她习惯了温柔可亲、没有敌意、惹人喜爱的自己，现在却不得不崭露锋芒，甚至跟人起冲突，这让她很不习惯。

有一次，晴岚为了一单生意的奖励分成，与上司据理力争，说到急处，上司竟然口吃起来。那一瞬间，晴岚觉得有点恍惚：这还是熟悉的我吗？

回到家里，晴岚闷闷不乐地给自己煮饭，心情有点低落，又忐忑不安。这位上司一向雷厉风行，会不会因为嫌弃我争强好胜，给我穿小鞋呢？唉，我什么时候变得这么强悍，连上司都害怕我了？晴岚一向受的教育都是女孩子要柔弱一点、温柔一点才有人爱。现在这样的感觉，真让她有点不习惯。难道说，不知不觉间，自己已经变成女强人，将来要孤独终老吗？

晴岚正在犹豫要不要给上司道歉，上司就打来电话，说同意她的分成方案，还鼓励她安心工作。晴岚这才松了一口气。晴岚生平第一次跟有权威的人吵架，没想到结果竟然还不坏。

很多幸存者从自恋虐待的创伤中走出来之后，不免对遇到自恋者之前的生活产生某种留恋、怀念。那时候的自己，还没经历世间的丑恶，心地单纯，与人为善，因为没有威胁性而受人欢迎。那时候幸存者对自己的评价是积极的，对周围环境是有安全感的。如果不是自恋者的介入，那么过去美好的日子就不会失去。

再者，对自恋型关系的清算，对自恋障碍病理的认识，让不少幸存者有意识地与自恋者划清界限，甚至把拒绝别人的要求、维护自己的利益看作专属于自恋者的品质，而小心翼翼，避免踏入禁地。这样自己的心理空间就会变得十分狭窄。如果我们只是作为自恋者的反面而存在，那么我们实际上还没有脱离"自恋"这个标杆。

其实，幸存者在遇到自恋者之前的状态，并不是简单的岁月静好、天然和平。为了过去平静的岁月，你也曾一次又一次委屈隐忍，放弃自己的合理要求。那时的你，害怕冲突，太珍惜做个"乖孩子"的感觉，别人的不满或敌意会让你手足无措。也因此，你才能忍耐自恋者的欺凌和掠夺。现在，你大可以不必委屈自己，就能享受你应得的。在不知不觉中，你已经变得内心充实、柔韧有力，这不正是你所追求的吗？

在成年人的世界里，尊敬比爱更重要。有了尊敬，爱就不远了。

世界虽然不够好，但我已经比过去更强大了

与自恋者的关系，会给幸存者的生活带来很多现实的困难。如何面对新生活中的问题，也许雅萱的经历可以给你一些启示。

雅萱与前夫离婚的过程并不顺利。他们结婚超过十年，孩子也10岁了。为了财产分割与孩子抚养费的问题，他们不得不进行必要的沟通。而这种沟通给雅萱带来很多痛苦。他习惯性地撒谎，颠倒黑白，把婚姻破裂的责任都推到雅萱身上。他还在亲友间散布雅萱的谣言，试图离间雅萱与亲友的关系。当雅萱和他对质，他又百般抵赖，反而说雅萱捕风捉影，败坏他的名誉。

他还利用夫妻相处中只有两个人知道的细节，发一些带有暗示性的文字或图片，含沙射影，讥讽和打击雅萱。这时候，雅萱已经明白他的诡计，他在利用这种方式逼迫自己做出让步。但是，雅萱还处在创伤状态，情绪不可避免地受到很大影响。她不得不接受心理咨询，帮助自己恢复过来。

在两年多之后，他们之间的纠葛才算处理完毕。雅萱悄悄卖掉房子，带着孩子搬离了原来的城市，并更换了所有联系方式。因为

他们之间达成过协议，雅萱在经济上做出妥协，而前夫同意放弃探视权。这一点也征得了孩子的同意。

在另一个城市，雅萱开始了新生活。为了不与社会脱节，人到中年的她决定重返职场。为此，她积极地参加职业培训，像职场新人那样充满热情地工作，为自己谈成的第一单业务欣喜落泪。十多年没有工作，被前夫贬低为"没有独立生活能力"的雅萱，慢慢变得更加自信，因为现在的生活是她好不容易争取来的。没有自恋者在身边，雅萱感到越来越轻松自在。她的焦虑、失眠都好了，莫名的疼痛也不见了，整个人的气色都好了很多。

春节期间，雅萱带着孩子返回老家探望父母，并叮嘱亲友为这件事严格保密。因为她实在不想看到前夫那张脸。短暂的团聚过后，雅萱准备返回自己的城市。就在她走进父母家楼下的车库时，前夫的身影突然从柱子后边闪出来。瞬间，雅萱分明听见心里咯噔一声，紧接着呼吸急促，心脏狂跳。她拉着孩子，快步走向汽车。她刚刚拉开车门，前夫就抢上前来，一把拉住孩子的胳膊。

孩子一边挣脱父亲，一边试图关上车门。前夫一边拉住车门，一边大声喊叫："你妈妈是个坏女人！她说的都是假的，我是爱你的，孩子不能没有爸爸！"孩子吓得瑟瑟发抖，只是不停地说："我不下车，我不下车。"看到孩子可怜的样子，雅萱心如刀割，她本能地扑上前去，试图拉开前夫的手臂。前夫猛地甩手，雅萱几乎跌倒在地。

要是在以前，雅萱绝没有力气再坚持下去，可能会任由前夫抢走孩子。可是经过几年的疗愈，她内在的力量已经增加了许多。她努力保持镇定，用坚定的语气告诉前夫："你不停下我就报警。"

"我看不到孩子，就没办法支付抚养费，我怎么知道你有没有虐待孩子？"前夫试图用老一套办法激怒雅萱。但雅萱没有上当："你违背协议，我会申请法院禁止令。"

在亲友的调解之下，前夫答应不再骚扰雅萱。但是在孩子的抚养费上，他仍然不断找各种借口拖延。雅萱不得不申请强制执行。在新一轮的法律交锋中，前夫故技重施，试图靠摧毁雅萱的精神来逃避责任。但雅萱委托了代理律师，不再跟前夫直接联系。抚养费如期到账，雅萱的生活再度恢复平静。

单身母亲的生活面临很多不如意，经济压力、孩子成长问题让雅萱遇到新的困难。但是在雅萱看来，能摆脱自恋障碍的前夫，付出这些代价是值得的。

承担起新生活的责任

自恋型关系是一种虐待性、消耗性的关系，经历过自恋型关系的幸存者，不仅身心受创，工作、生活也会蒙受损失。很多幸存者会面临具体的困难：经济损失、就业困难、择偶困难、患病等，都给新生活带来压力。生活虽然有种种不如意，但是你已经比过去强大了。重要的是，这是你能够自主的生活。

特别是那些与自恋者有过长期关系的幸存者，在现实生活中还需要与自恋者有联系，这难免会带来新的困扰。如何与他们打交道，实现自己的目的，保护自己的利益，也是需要智慧的。

1. 设定界限

如果你必须与自恋者有来往，那么设定必要的界限是十分重要的。他不会接受无法再掌控你的现实，总会想方设法突破界限，推卸他应负的责任。自恋者会耍花招，胡搅蛮缠，力图搅乱局面，从中渔利。他还会试图破坏你的人际关系，损害你的名誉。这些你熟悉的招数，他都不会放弃。

在这种时候，跟自恋者讲道理是没有什么意义的，你只需让他明确知道你的界限在哪里，并坚决维护它。具体的时间、地点、金额、事项都是明确的，最好以书面的形式通知到对方，并告诉他如果违约会承担什么后果。然后，言出必行，不打折扣。

自恋者当然会利用一切机会搞破坏，所以不要给他这个机会。减少不必要的接触，对他的卖惨、狡辩置之不理，始终平静而坚定地维护你的边界，自恋者就没有办法拿捏你。

2. 开拓新生活，发展有意义的社会连接

也许你不再年轻美丽、充满吸引力，也许你对结识新的伴侣还没做好准备，也许你错过了事业腾飞的良机。但是，你仍然有独特的价值和魅力。你成熟、自信而又不失热情，有丰富的经验和坚韧的毅力，这些都是你在事业上的优势。职业的发展会带给人持续、稳定的社会关系，以及积极的情绪反馈。所以，如果有可能，尽可能出去工作。

经历过自恋型关系之后，有的幸存者对亲密关系可能有所畏惧，不愿轻易涉足。这种感觉是可以理解的。能够亲近和信赖他人，始终是一种重要的能力，能够带给我们积极的情感体验。

发展个人兴趣，参加更多社会活动，既可以让生活变得丰富多彩，也可以得到更多的情感支持。

"富有而不自知"——与自恋者共存的世界

我们可以结束和某个自恋者的关系，但无法在生活中避免再次遇到他；我们可以拒绝自恋者的操纵和虐待，却无法让他改变本性；我们可以和自恋者共存于这个世界，但是不受他病态行为的影响。

自恋者的伤害性，只有在稳定的自恋型关系中才能发挥作用。而在普通的人际关系中，在公开的、松散的、短暂的关系中，自恋者就没有机会伤害别人。相反，因为顾及自己的形象，自恋者在公开的场合更要伪装友善。只要我们不进入自恋者的亲密圈层，这些小动作就伤害不到我们。

你可能还会听到熟悉的吹嘘、不经意的贬损、拙劣的谎言，而感到不愉快。但是你要知道，这种不愉快的感觉和你过去的经历有关。只要不走近他，不在乎他对你的看法，就不会被操纵。

在现实生活中，很多人都没注意到自恋者的花招，也压根不在乎他。自恋者身上没有魔法，他只能伤害关心他、在乎他的人。如果你想真正摆脱自恋者的伤害，就要培养这种不在乎的能力。

因为不在乎，自恋者就无法得到他需要的反馈——关注、赞许、服从、辩解、自证，等于他邀请你加入自恋型关系的目的落空了。

那自恋者会怎么做呢？只能去找别人。因为你在他心目中已经"没有用"了。只要你不把自恋者的认可与你的自我价值挂钩，他的离开就影响不到你。你可以识别那些花招，但不配合他做出反应，自恋者就会显得滑稽可笑。

很多人关心年长的自恋者会不会变得更"恶"，或者他会不会孤独终老。但是只要我们离开了自恋者，他的生活就与我们无关了。他是孤独终老，还是安享天年，对我们意义都不大。

事实上，某些人格障碍者到了中老年，症状会变轻，自恋者就是其中一种。从主观的角度看，他必须更好地伪装自己，才能吸引和留住供养者。所以他会待在一个更厚的假壳里，长期把一个虚假的自我形象当成真实的自己。也就是说，伪装的时间长了，他已经忘记真实的自己是什么样了。

从客观的角度看，过去的供养者们也给了他足够的精神滋养——信任、忍耐、支持，持续不断地为他贫瘠、匮乏的精神世界输血。所以，自恋者到了晚年，会显得"毒性"没那么强了，如果他一直有一位好伴侣的话。站在自恋者伴侣的角度，这是一个令人悲哀的现实：伴侣以自己的精神健康，帮助自恋者完成了他人生的拼图。

这些人能够在自恋者身边长期生存，一方面是本身性格温和、乐观，有耐心，能量充足；另一方面，在和自恋者长期相处的过程中，面对他不断的需索、吸食、攻击，形成了一套稳定的生存策略——"富有而不自知"。他们知道他是恶劣的、暴躁的，有时甚至是蛮不讲理的，但是他们可以做到不在乎他的攻击，不吸纳他的伤害。

与自恋者共存的具体做法有以下几种。

1. 不介意他的指责

自恋者总是怒气冲冲，小题大做，指责别人的错误，抗议你对他的"怠慢"。这是他用来操纵他人的重要手段。在自恋型关系中，人们之所以会被自恋者操纵，是因为把他的指责当作对个人价值的否定，所以才感到伤心、难过、愤愤不平。有的人会辩解，有的人会拼命做得更好，这些都会让自恋者得寸进尺。

有人在你耳边唠唠叨叨，拿一些莫须有的罪名来指责你，这的确很让人烦恼。你得练习一些转移注意力的方法，让自己得到放松。有幸存者告诉我，每当她老公唠里唠叨时，她就把他想象成小时候家里那台有毛病的旧洗衣机，一边"突突突"地抖动，一边发出噪声，以此分散自己的注意力。

有的自恋者会抱怨伴侣粗心，"左耳进右耳出"，这其实是一个好信号。苛求完美的自恋者，需要有一个大大咧咧、满不在乎的伴侣。否则，你就要围着他打转，被他消耗得疲惫不堪。

为了做到这一点，幸存者需要做好认知调整。你不介意他的指责，不把他的恶言恶语看作对自己的否定，就不会陷入他的网罗。事实也是如此，自恋者是永远不会满意的，你也没必要达到他口中的标准。只要你不介意，烦恼就是他一个人的事，他在跟他自己发脾气。

2. 不响应他争论的邀请

自恋者是不能没有敌人的。当他怒气冲冲，想要找碴打架时，他就是在寻找一个人来接收他积攒起来的负能量。所以，在自恋者身边做个迟钝的人，是对自己最大的保护。质疑的言语、逻辑的漏洞、牢骚满腹的抱怨……这些都是自恋者想要发起争论的邀请。所以，让它们变成单向的表演，不给出自恋者预期的反应，他就会觉得你是个扫兴的、无趣的人，也就放过你了。

自恋者可能会拿这一点来批评你，刺激你。但是只要你心里知道是怎么回事就够了，没有必要跟他在口头上论输赢。跟自恋者生活在一起，"鸡同鸭讲"的状态是对伴侣的一种保护。你可以打岔，可以置之不理，也可以为自己找点其他事情做，或者找借口离开争论的现场。人的情绪都有起落的节奏，自恋者也不会一直气鼓鼓的。

有一些方法可以有效地终结争议，只要你追求的是耳根清净，而不是"正确的结论"，就可以做到这一点。比如，赞成他的看法，"你说得太对了，我就是这样马马虎虎，没有你认真负责，咱家的日子真没法过，你就是咱家的大功臣"，想想他会是什么表情？比如，答应他的要求，但不是真要那么做。每次你态度都很好，答应照做，他就没理由接着唠叨了。但实际上，你自己心里清楚，并不需要把自恋者的话当指挥棒。时间一长，他也就没兴趣了。

3. 减少对自恋者的共情

当自恋者发泄情绪时，你可以表示赞同，或者默不作声，但不要试图理解他的情绪。因为共情会让他体会到自身的弱点，他反而会将批评的矛头对准你。很多幸存者都有过这种体验，本来想要安慰自恋者，结果却被自恋者攻击。比方"被老板凶，你一定觉得很难过""如果是我，我也会觉得不公平"之类的话，普通人听了会觉得你在关心他、安慰他，自恋者就会觉得你在嘲讽他，看他的笑话。他会忽然把矛头指向你，让你觉得特别委屈。

同理，当自恋者摆出一副想要谈心的姿态，不要信以为真。他只是在模仿做一个有感情的人，他内心的禁区是不许别人碰的。如果你跟他分享心事，这个分寸很不好拿捏。他一方面想知道你更多的弱点，另一方面又害怕折射出自己的无能，所以他随时可能翻脸斥责你。

4. 不与自恋者对质他的"症状"

有的幸存者因为掌握了一些心理学知识，希望借此与自恋者沟通，让他能正视自己，承担责任，有所改变。对自恋者来说，这无疑是在揭穿他的伪装，让他赤裸裸地面对真实的自己。无论你的语气多么诚恳，出发点多么友善，他都不会理解，只会把你当成敌人。你要记住，你掌握了这些知识，会变得更坚强、自信。而自恋者并没有变化，他的内心仍然脆弱易碎。对自恋者来说，自欺欺人是一种生存需要，别去戳破这层窗户纸。

5. 对生活中的自恋者淡然处之

在创伤疗愈阶段结束之后，我们还需要面对生活中的自恋者。我们日常所接触的人中，总有一些人的自恋水平高于常人，会做出一些剥削性、操纵性的行为。对这些人，我们并没有帮助的义务。事实上，他们很多年都是这样过来的。自恋者每天都会抱怨，推卸责任，搬弄是非，吹嘘炫耀，嫉妒他人，这是他们的本性。只有真正在乎到这一点的人，才会感到受挫，试图跟他们讲道理，或者感化他们。过去，我们就是这样陷入自恋型关系的。现在，我们只需要淡然处之，毫不介意，自恋者就拿我们没有办法。这种状态，就是"富有而不自知"的状态。

其实，我们很有可能正是因为幸存者的"富有"，所以才会被自恋者追逐。也正是因为"自知"，我们才觉得对自恋者有某种责任，才会难以释怀。如果你只把自恋者看成生活中普普通通的存在，就不会在他们身上浪费更多的心力，你的"富有"才会更多地用于滋养自己。

重新拥有爱的能力

离开自恋者，治愈了伤痕累累的心，很多人都渴望拥有新的感情。这个时候，幸存者也会面临新的问题：如何重新信任和接受他人的亲密。

芷涵离婚三年之后，才开始第一次约会，因为她觉得，自己已经有充足的准备，可以开启一段新的关系。

在见面之前，他们在网上已经聊了很久。鸿远是一位脾气温和、细心周到的男子。他很有耐心地倾听芷涵的想法，也非常能理解芷涵的处境和选择。这给芷涵留下了很好的印象。他们对以后的生活交流了各自的看法，发现二人有相似的价值观。

两人见面后，对彼此的印象都很好。芷涵吸取了上次婚姻的教训，宁愿缓慢地推进关系，有更多机会观察对方。能看得出鸿远对芷涵很珍惜，他彬彬有礼，体贴入微，凡事都征求芷涵的意见，尊重她的感受。芷涵不喜欢的事，鸿远绝对不会去做。芷涵有一点不高兴，鸿远就会跟她道歉，他说不愿意芷涵再受伤害。有时候，芷涵甚至觉得，在他们的关系里，自己才是那个强势的、拿主意的人。

这种感觉，和以往跟剑飞在一起的时候截然不同。这让芷涵觉得新鲜，又有点无所适从。

慢慢地，芷涵发现鸿远的性格有点被动，他总是不敢表露自己的想法，有的时候显得过分小心。芷涵问他为什么，却得不到期待的回应。鸿远好像在刻意回避冲突，有的时候，倒显得芷涵不讲道理。芷涵很在意这段关系，希望有问题就好好沟通。没想到她提议两人好好谈一次，鸿远却躲开了，连续几天联系不上。这种感觉让芷涵觉得似曾相识，就像剑飞跟她玩冷暴力那样。

芷涵有点生气，但又担心是自己的错觉。为了避免误会，她给鸿远发去措辞谨慎的留言，表达自己的感受，询问他的想法。过了几天，鸿远在深夜里回复了几条信息，看起来也是字斟句酌，不断发出又撤回编辑。同一条消息发了好几遍，字里行间都能感受到他的真诚。鸿远解释了他这样做的原因，原来他小时候父母关系不和睦，经常争吵。而他们吵架的原因，很多都跟他有关。所以，他小小年纪就学会察言观色，每当父母神情变化、语调升高，他就想办法溜掉，避免成为他们的靶子。

看到这些讲述，芷涵有点心疼鸿远。她觉得自己可能误会了鸿远，感觉很抱歉。于是她主动约鸿远出来，两个人又和好了。

后来，这样的情形又发生过几次，每次都是芷涵哄着鸿远，要他不必担心，自己并不是不讲理的人，有问题谈开了就好，不必这么小心谨慎；大家都经历过一次婚姻，更要坦诚相待。每次鸿远都答应得好好的，但一遇到问题，还是躲开，等着芷涵来找他和解。

芷涵觉得跟鸿远在一起很累，这段关系一直是自己在维持，而鸿远只是在顺其自然。这让芷涵很气馁。虽然鸿远很在意芷涵，从没有任何粗暴、不尊重的言行，但是他这种被动的、不置可否的态度，还是让芷涵疑虑重重。问他对自己有什么意见，他又总说"你很好，我没有意见"。然而就算是当面说这句话，鸿远的态度也是畏畏缩缩、欲言又止。这让芷涵郁闷而又恼火。

又一次，他们因为小事产生矛盾，鸿远又躲开几天，等着芷涵来找他。芷涵一气之下提出分手，谁想到，鸿远连争取都没有争取一下，就表示尊重芷涵的意见。芷涵气得哭了一场，将鸿远拉黑了。

重新信任他人有多难

自恋型关系结束之后，如何重建对他人的信任，仍然是幸存者需要面对的课题。

亲密关系的建立，离不开相互的信任和接纳。两个没有血缘关系的同龄人，由陌生到熟悉，从渐生好感到渴望厮守，就是信任感逐渐建立和稳固的过程。而信任感的建立，又来自对安全感的确认。知道坦然地交付自己，会换来同等的对待，而不是为对方的反应感到焦虑、不确定，甚至受到意外的打击。

在与自恋者的亲密关系中，幸存者内心基本的安全感和信任感受到严重破坏。他们被自己最信任的人欺骗，被自己最亲近的人剥削，被自己最依赖的人控制。在很长一段时间里，他们无法自主掌控自己的人生。他们在微笑时被呵斥，在脆弱时被拒绝，在做自己时被惩罚。自恋型关系，已经改写了他们内心对亲密关系的信任。幸存者在自觉已经治愈时，仍然在为此付出代价。他们既希望找到值得信任与托付的伴侣，重新找回亲密感与安全感；又担心重蹈覆辙，再次遇到人格有问题、具有伤害性的人。这种相互矛盾的想法，让他们在面对新生活时左右为难、患得患失。

在创伤疗愈的过程中，芷涵接触到很多心理学知识。她相信掌握了这些知识，自己就能走出阴霾，准备好投入新生活；也相信自己可以在新的关系中保持足够的清醒，避免受到新的伤害。他们在约会之前和谈恋爱的几个月中，都花了很多时间来探讨心理问题。她觉得两个人已经达成充分的共识，可以坦诚交流了。然而，鸿远性格里的退缩、回避，不敢直面问题，又让她嗅到危险的信号，让她在这段关系走向深入之前，果断踩了一脚刹车。

也许她是担心鸿远小心谨慎的表现后面隐藏着更严重的问题，与其因为轻信而深陷其中，还不如早一点退步抽身；也许她只是不想再次经历熟悉的伤害，宁愿错过让她想要走近的人；也许她形成了不允许自己再受到任何伤害的潜意识，让她不敢在与他人的关系中投入太多；也许鸿远的内心也存在同样的疑虑，也害怕受到新的伤害，两个人都太清醒，所以没办法走得太近。

其实，信任他人就是信任自己。因为不相信自己的判断，不相信自己有能力避免伤害，所以才会要求更多的承诺；因为不敢坦然接受生活的变数，不敢承担选择失误的风险，所以才会希望得到更多保证。生活中确实有值得信赖的人，也有很多人过着充满信任的、安全的生活。但是，如果我们不走近更多的人，又到哪里去认识他们呢？

让生活回归本来面目

佛教禅宗有一句名言："未参禅前，看山是山，看水是水；刚入门后，看山不是山，看水不是水；到参透时，看山还是山，看水还是水。"在我看来，用这句话来比拟幸存者的遭遇也很贴切。

第一次的"看山是山，看水是水"，就好比是没接触到心理学知识的时候。无论是在原生家庭中与父母的关系，还是成年后的工作、生活，以至于深深伤害我们的自恋型关系，我们都沉浸在生活本来的状态中。对于我们的遭遇，我们还缺乏清醒的觉察，没办法超脱地看待这些问题。也因此，我们的思路受到限制，痛苦得不到解脱。

到后来，我们接触到心理学知识，它仿佛打开一扇门，透进一道光，让我们多年的迷惘得到新的解释。透过这道光来看这个世界，我们发现很多事情都不一样了。我们也可以诠释过去，理解伤痛，掌握新的沟通方法。事实上，心理学确实提高了我们适应现实的能力，让我们变得更自信、更有力量。

然而，理性分析并不能代替生活本身，过度分析会让我们对生活的体验失真，无法真正投入其中。就算是心理学家，也有自己的生活，也是普通的父母、子女、朋友、同事，也有具体的喜怒哀乐。心理学是为了帮助我们更好地体验生活、享受生活，而不是远远地审视生活。如果我们学习心理学是为了避免伤害，从此踏上人生坦途，那么我们实际上是在默认"我仍然弱小，我害怕伤害，我不想犯错误"。世上没有任何一门学问，可以承诺给人们完美的一生。

所以到最后，我们还是要回到"看山还是山，看水还是水"的状态，让生活回归它的本来面目。

我们知道，生活中的大多数人都生活在具体的场景中，有着他们独特的感受、个性和价值观，就像树林中的一棵棵树，千姿百态，生动而具体。其中包括那些长歪了的树，面目狰狞，摇摇欲坠；也包括我们自己，曾经伤痕累累，仍然充满希望。我们就是在和这些人打交道，他们每个人都有自己的局限和盲点，没办法超脱自己的环境。而我们也是要和具体的他们结成各种关系，在平常的日子里体会点滴幸福，收获相伴的喜悦；也要共同面对困难，承担压力，分享脆弱。

看山还是山，看水还是水，山水中有我们真实的人生。

你应该了解的冷知识：法律禁止虐待妇女

《中华人民共和国妇女权益保障法》（2022修订版）部分条款

第三章第二十条　妇女的人格尊严不受侵犯。禁止用侮辱、诽谤等方式损害妇女的人格尊严。

第三章第二十一条　妇女的生命权、身体权、健康权不受侵犯。禁止虐待、遗弃、残害、买卖以及其他侵害女性生命健康权益的行为。……

第三章第二十八条　妇女的姓名权、肖像权、名誉权、荣誉权、隐私权和个人信息等人格权益受法律保护。……

第三章第二十九条　禁止以恋爱、交友为由或者在终止恋爱关系、离婚之后，纠缠、骚扰妇女，泄露、传播妇女隐私和个人信息。

妇女遭受上述侵害或者面临上述侵害现实危险的，可以向人民法院申请人身安全保护令。

第七章第六十五条　禁止对妇女实施家庭暴力。

县级以上人民政府有关部门、司法机关、社会团体、企业事业单位、基层群众性自治组织以及其他组织，应当在各自的职责范围内预防和制止家庭暴力，依法为受害妇女提供救助。

《中华人民共和国刑法》第二百六十条

虐待家庭成员，情节恶劣的，处二年以下有期徒刑、拘役或者管制。犯前款罪，致使被害人重伤、死亡的，处二年以上七年以下有期徒刑。第一款罪，告诉的才处理，但被害人没有能力告诉，或者因受到强制、威吓无法告诉的除外。

牟某某被判虐待罪的二审判决书部分内容
（根据网络新闻整理）

2023 年 6 月 15 日，北京市某人民法院对被告人牟某某涉嫌犯虐待罪刑事附带民事诉讼一案依法公开宣判，以虐待罪判处牟某某有期徒刑三年二个月，同时判决牟某某赔偿附带民事诉讼原告人蔡某某（被害人包某之母）各项经济损失共计人民币 73 万余元。

7 月 25 日，该法院依法对牟某某虐待刑事附带民事上诉一案公开宣判，裁定驳回上诉，维持原判。

二审法院表示，经查，第一，从牟某某与包某在 2018 年 9 月至 2019 年 10 月期间经常性共同居住、同居期间曾共同前往对方家中拜见对方父母，且双方父母均认可二人的同居状态及以结婚为目的的男女朋友关系等情况看，虽然牟某某与包某尚未登记结婚正式组建家庭，但在长期同居期间二人关系始终稳定、情感相互依赖、生活相互扶持且均在为结婚积极准备，因而二人之间关系与家庭成员关系并无本质区别，由此牟某某符合虐待罪中的犯罪主体要求。

第二，虽然在案缺乏充分证据证实牟某某曾对包某实施过肢体暴力，但牟某某本人供述、多名证人证言及二人的微信聊天记录可以证实，牟某某在明知且接受包某曾有性经历并已与包某交往且同居的情况下，既不同意包某的分手请求，又纠结于包某以往性经历，并借此高频次、长期性、持续性地辱骂、贬低和指责包某。牟某某对包某实施的前述经常性侮辱谩骂行为具有精神折磨性质，属于虐待罪所规范的虐待行为。

包某生前好友作为证人指出，牟某某与包某确认恋爱关系后，牟某某常因包某不是处女而和包某吵架，且有过推搡，"打过耳光，掐过胳膊，并让她（包某）下跪"。

二审法院认为，从牟某某侮辱谩骂行为的时长、频次、粗俗程度及曾造成包某因不堪忍受而割腕、吞服过量药物的后果看，牟某某对包某实施的虐待行为已达到情节恶劣的程度。

第三，从 2019 年 9 月 24 日至案发前，包某与牟某某始终居住在一起。2019 年 10 月 9 日，牟某某在包某因长期遭受其精神折磨而精神依附于他的情况下再次言语刺激包某，直接导致其选择离开牟某某家并入住宾馆服药自杀。

法院认为，牟某某对包某长期实施的精神虐待及当日再次实施贬损人格性质的言语刺激，与包某自杀死亡之间存在刑法的因果关系。

综上，牟某某的行为符合我国刑法关于虐待罪的构成要件。牟某某的上诉理由及其辩护人的辩护意见均缺乏事实及法律依据，二审法院均不予采纳。

包某在案发时极度脆弱的精神状态这一风险，正是牟某某日积月累的指责、辱骂行为造成的。

在案证据证实，包某在与牟某某确立恋爱关系后，对牟某某的精神依赖程度不断加深，牟某某因处女情结长期对包某进行侮辱、谩骂、打压，折磨其精神，贬损其人格。包某为了维持与牟某某的恋爱关系，虽然也有反抗、争辩，但最终选择了妥协、沉默和忍受牟某某的负面情绪。

法院认为，牟某某作为这一风险的制造者和与被害人包某具有亲密关系并负有一定扶助义务的共同生活人员，在包某已出现割腕自残以及服用过量药物后进行洗胃治疗，并被下发病危病重通知书的情况下，已经能够明确认识到包某早已处于精神脆弱的高风险状态，应及时关注包某的精神状况，采取有效措施及时消除上述风险状态，防止包某再次出现极端情况。

但牟某某却对由其一手制造的风险状态视而不见，仍然反复去指责、辱骂包某，使得包某精神脆弱的高风险状态不断强化、升级，与案发当天的刺激性话语相结合，最终造成包某服药自杀身亡的悲剧。

二审法院认为，包某在与牟某某确立恋爱关系之前，性格开朗、外向；但在与牟某某确立恋爱关系之后，由于不断遭受牟某某的指责、辱骂，其时常精神不振、情绪低落，并出现了割腕自残、服用过量药物而被洗胃治疗等极端情况，在确立恋爱关系仅一年多的时点上便选择了服药自杀。可见，正是牟某某长期的精神打压行为，使包某感觉不断丧失自我与尊严，逐渐丧失了对美好生活的期待。包某服药自杀前所发的微信内容，也有力地证实了是牟某某的长期精神折磨导致了包某对自我价值的错误判断。

由此可见，在包某精神状态不断恶化，不断出现极端行为并最终自杀的过程中，牟某某反复实施的高频次、长时间、持续性辱骂行为是制造包某自杀风险并不断强化、升高风险的决定性因素。因此，牟某某与包某的自杀身亡这一危害后果，具有刑法上的因果关系。

法院认为，基于对本案证据事实以及法律依据的论证分析，本案在犯罪主体、犯罪的客观行为以及刑法上的因果关系方面均符合虐待罪的构成要件，牟某某所提无罪辩解及其辩护人发表的无罪辩护意见，缺乏相应的事实根据和法律依据，法院不予采纳。

后记

在当下，自恋问题已经开始困扰越来越多的普通人。

自恋者以自我为中心，贬低和操纵他人，对他人使用暴力和冷暴力。这些消极的行为，不仅对他的人际关系是一种破坏，还会影响到周围人的身心健康。生活在自恋者身边的人，必须花费更多的精力去应对自恋者的苛刻要求，整天暴露在无休止的抱怨、贬低和指责中，承受着他们的坏脾气。这使其承受着极大的精神压力，变得焦虑、抑郁、苦闷和茫然，甚至出现各种健康问题。人们长期处于自恋型关系中，容易经历精神创伤，个人的生活质量、事业发展也会受到严重影响。因此，关注自恋型关系幸存者的福祉，帮助他们更好地修复创伤，恢复正常生活，有着积极的社会意义。

遭受过精神创伤的幸存者，他们的心理体验和发展需求具有自己的特殊性。心理学工作者如果能够从创伤角度看待来访的困扰，则可以更好地理解他们的真实处境，从而给他们提供更好的帮助。

另外，自恋型父母的养育方式，很难给儿童提供健康、稳定、积极的支持，这会为他们未来的健康成长埋下隐患。研究本书中很多幸存者的经历，你会发现很多人在原生家庭里成长的经验，或多或少都影响到了他们成年后的择偶、交友标准，以及处理人际关系冲突的方式。从小生活在自恋型父母主导的家庭的个人，更容易妥协、忍耐，默许别人对自己的指责、贬低，以及放弃自己的合理要求。这会让他们在各种人际关系中处于不利的地位，也会限制他们创造力的发挥，影响其婚姻家庭的幸福和事业的发展。

生活在自恋型父母主导的家庭的青少年，也容易发展出自恋的特质——虚荣、脆弱、撒谎和作弊，自我夸大和利用他人。这些人格上的短板，也会阻碍他们自身的成长。因为担心失败或挫折会影响到对自己的完美期待，他们无法将主要精力投入到学业和事业中。

近些年来，青少年群体的"空心病"问题越来越引起心理学界的重视。内心空虚、情感淡漠、缺乏人生目标、歧视和欺凌他人……这些表现的背后，都隐藏着自恋型家庭关系的影子。

在当今中国，随着经济的发展，社会竞争加剧，父母对于子女具有更高的期待和投资。如果子女的个性发展、兴趣爱好不符合父母期待，父母能忍耐和包容的空间可能也会在无形中缩小。如果父母本人有明显的自恋特质，就会选择用强制的手段来粗暴地干涉子女的个人选择，力图使"失控"的孩子重新回到自己掌控之下。

如果为人父母者能够借助书中的案例分析，看清自己在亲子关系方面的困扰，他们内心的焦虑也许会有所减缓。毕竟，人的成长更多来自自主、自发的行为。父母如果能给孩子留出成长的空间，对于双方来说都有好处。

总的来说，本书是站在成年幸存者的立场，让人们看到被损害者的真实处境和自救之道。但同样也提供了新的视角，让人们看到自恋问题的完整链条。如果这本书能够唤起更多人对自恋问题的重视，能解决一些实实在在的问题，那是我非常乐于见到的结果。

面对伤害、错误和不公正，我们每个人都应该做些什么，这是我一直以来秉持的信念。而帮助幸存者自我疗愈的实践，也坚定了我的信念。一个人在看清自己的经历之后，仍然有勇气、有信心面对新生活的挑战，担负起生活的责任，这是一种宝贵的精神品质。

作为幸存者疗愈团体的创办者，我经常被问到同样一个问题：我什么时候才能恢复正常？

每次听到这样的提问，我都会沉吟良久。因为提问中既有他们痛楚的呻吟，也有他们对未来的渴望。

伤痛也是生命的一部分，它是人生旅程中一段特殊的、重要的经历。

也许在未来的旅途中，我们还会遇到各种各样的人，还会有各种各样的不如意、烦恼和痛苦。然而这段特殊的经历，让我们更有信心面对生活的提问。

时隔几年，很多幸存者的生活也发生了令人欣喜的变化。有的人找到新的伴侣，沉浸在幸福中；有的人专注于事业，迎来个人发展的新机遇；有的人扩大了生活圈，交上了新朋友；有的人修复了与家人的关系，享受着平静的生活。每次听到这样的消息，都让我欢欣鼓舞，为之自豪。我愈加相信，"觉醒的人有能力治愈自己，终结相互伤害的链条"。

2025 年 7 月 3 日于北京

附录

信息索引

出对拒绝和批评的极度敏感。　P22

被动攻击（passive aggressive）指的是用消极的、恶劣的、隐蔽的方式发泄愤怒情绪，以此来攻击令他不满意的人或事，而避免直接的冲突。　P24

粉饰（rationalization）是一种自我防御机制，通过为不良行为或情感寻找合理的解释，以减轻内心的焦虑和愧疚。　P30

自恋型人格障碍（Narcissistic personality disorder，NPD）的基本特征是对自我价值感的夸大，在这种自大之下，自恋者往往长期体验着一种脆弱的低自尊。　P46

第 2 章

共情（empathy）指的是一种设身处地体验他人处境，从而达到感受和理解他人心情的能力。　P74

解离（dissociation）是指一种心理保护机制，它涉及个体的意识、感知、记忆或身份的临时分离或"出走"的现象。解离通常发生在对创伤性事件或触发场景应对过程中。　P77

分裂（disrupt）指的是个体在面对内心冲突或外部压力时，采取的一种心理防御策略，即将自我、他人或事物分裂成好与坏、对与错两个极端，以此来减少内心的焦虑和冲突感。　P80

"足够好的母亲"（good enough mother）是指开始的时候几乎完全适应婴儿的需要，并且随着时间的推移，她逐渐地适应得越来越少，并根据婴儿逐渐增长的能力来应对她的失败。　P87

第 3 章

正强化（positive reinforcement）通过提供积极的后果来提高某

种行为在未来发生的概率。当个体表现出期望的行为时，通过给予奖赏或鼓励等正面刺激，使这种行为得到强化，从而使个体更倾向于重复该行为。　P105

负强化（negative reinforcement）通过厌恶刺激的排除来提高反应在将来发生的概率，即减少或取消厌恶刺激来提高某行为在以后发生的概率。　P105

煤气灯操纵（gaslighting）又称煤气灯效应，是一种心理操纵手段，操纵者通过削弱被操纵者的自我认知，包括记忆、感知和判断力等，实现对其行为和思维的影响和控制。　P109

投射（projection）是一种防御机制，通过把自己的感受、想法、愿望、好恶投射到别人身上，以此逃避内心的焦虑和不安。　P117

投射性认同（projective identification）是一个人诱导他人以一种限定的方式行动或者做出反应的人际行为模式。在投射性认同中，接收者被迫与投射者释放出来的感受一致，按照投射者的想象来思考和行动。　P118

自恋虐待（narcissistic abuse）自恋型人格障碍者对他人实施的情感和心理虐待，包括情绪上的、心理上的、身体上的、经济上的，或是性方面的虐待。　P126

第 4 章

回吸（hoovering）是自恋虐待的一种操纵策略，用于将受害者"吸"回有毒的关系循环中。自恋者会通过任何必要的手段强迫那些想要脱离的人与其接触。　P155

创伤后应激障碍（Post-traumatic Stress Disorder，PTSD）是一

种严重的应激障碍，由突发性灾难事件或自然灾害等强烈的精神应激引起，可引发患者的创伤再体验、警觉性增高以及回避或麻木等症状。　P185

创伤闪回（trauma flashback）对创伤事件的非自愿的、强烈的，经常是痛苦的记忆，可以由某些刺激触发。　P185

复杂性创伤后应激障碍（complex Post–traumatic Disorder, CPTSD）是指个体在经历一次或一系列极具威胁性或恐怖性，通常长期、反复发生并且难以逃脱的创伤事件后形成的精神障碍。　P186